피카소PICASSO 마음교육

×

하 은 포토에세이

초판 1쇄 인쇄   2016년 11월 1일
초판 1쇄 발행   2016년 11월 15일

글/사진 하   은(진옥)

펴낸이 채규선
디자인 달팽이산책冊
마케팅 신광렬

펴낸곳 세종미디어(등록번호 제2012-000134, 등록일자 2012.08.02)
주 소 경기도 고양시 덕양구 화정동 1141
전 화 070-4115-8860
팩 스 031-978-2692
이메일 sejongph8@daum.net

값 13,500원   ISBN 978-89-94485-31-7 (13590)

이 도서의 국립중앙도서관 출판예정도서목록(CIP)은 서지정보유통지원시스템 홈페이지
(http://seoji.go.kr)와 국가자료공동목록시스템(http://www.nl.go.kr/kolisnet)에서 이용하실 수
있습니다.(CIP제어번호: CIP2016024662)

하 은 포토에세이

피카소PICASSO 마음교육

피카소 마음교육

생각하는 것을 가르쳐야지

생각한 것을 가르쳐서는 안 된다

내 아이에겐
마음교육이 답이다

물질문명이 발달하고 교육시스템이 나날이 발전하고 있다. 지금은 우리 아이들이 그 어느 때보다 좋은 환경에서 교육을 받고 있다. 생활은 풍족하고 교통도 편리하다. 먹는 걱정도 없어지고 배움의 기회도 많아졌다. 미디어가 발달되고 외부의 자극이 많아서인지 아이들의 지능은 빨리 향상되고 경험도 풍부해졌다.

매일 매일 영양가 있는 음식을 섭취하고 의료 환경이 좋아져서 아이들의 몸은 더없이 건강해졌다. 육체적 활동을 할 수 있는 시설도 많아졌다. 그런데 이런 좋은 환경에서 자란 아이들의 마음은 어떨까? 과보호,

넘쳐나는 정보, 디지털 기계들. 그 속에서 우리 아이들의 마음이 제대로 성장하고 발달할 수 있을까? 온갖 물질문명에 노출된 감수성이 예민한 아이들이 마음의 힘을 기를 수 있을까? 문제는 마음이다.

나는 이런 의문에서 해답을 찾고자 했다. 마음의 힘, 내면의 에너지를 기르기 위해서는 아이들에게 무엇을 가르쳐야 할까를 고민했다. 교실이나 집안에서의 교육만으로는 안 되겠다는 판단이 생겼다. 아이들에게 자연을 보여주자. 역사를 가르쳐주고 느끼게 하자. 사물의 가치를 깨닫게 하고 스스로 자라게 하자.

아이들의 마음의 힘을 키우기 위해서 나는 일곱 가지 덕목을 정리했다. 문제해결력, 독립심, 집중력, 자율성, 자아존중, 사회성, 창의성. 영어로 표기하면 이렇게 된다.

- 문제해결력(problem-solving)

- 독립심(independence)

- 집중력(concentration)

- 자율성(autonomy)

- 자아존중(self-esteem)

- 사회성(sociality)

- 창의성(originality)

이 일곱 가지 영어의 첫 글자를 따니 PICASSO, 피카소가 되었다. 창의성이 탁월했던 천재 화가 파블로 피카소와 이름이 같지 않은가! 나는 일곱 가지의 덕목을 바탕으로 한 피카소교육을 주창하기로 했다.

"아니 유치원에 다니는 아이들이 이런 덕목을 가지는 것이 가능한 일인가요?"

이런 의문을 가진 부모들도 있을 것이다. 내 대답은 "그렇다. 가능하다."이다. 아이들의 힘을 결코 과소평가해서는 안 된다. 우리가 알아야 할 대부분의 것들은 유치원에서 배운다고 하지 않는가. 아이들의 능력은 놀

랍다. 어떤 아이들에게도 어떤 것이라도 깨우치게 할 수 있다. 우리가 그 방법을 모르고 있을 뿐이다.

교실은 더 이상 교육의 현장이 아니다. 밖에서 답을 찾아야 한다. 나는 밖으로 나갔다. 들꽃에서, 고궁에서, 거리에서 그리고 아이들의 눈빛과 신발에서 교육의 길을 보았다. 내면의 힘을 기르는 데는 이보다 더 좋은 것이 없다.

마음교육이 없으면 껍데기만 화려한 교육이 될 것이다. 영어를 가르치고 그림과 피아노를 가르친다고 해서 마음의 힘이 자라지는 않는다. 부모들이 이 책을 보고 아이들이 가진 내면의 힘에 조금이라도 관심을 가졌으면 한다.

교실을 벗어나라. 그곳에 새로운 마음교육의 힌트가 있다. 아이들에겐 마음교육이 답이다.

이 책이 나오기까지 도움을 주신 최카피 교수님께 감사드리며 기꺼이 모델이 되어준 최지오 군과 성지아 양에게 감사의 마음을 전한다.

목차

| 7장 | 창의성 originality

무언가를 하고 싶은 사람은 방법을 찾아내고
아무 것도 하기 싫은 사람은 구실을 찾아낸다.

아라비아 속담

1장

문 제
해 결 력

problem-solving

담을 허물다

요즘은 어디를 가든 담벼락이 없는 곳은 찾기 힘들다.

담벼락은 경계이다.

이곳과 저곳을 분리하는 물질이다.

특히 마음의 벽은 상호간의 이해와 소통을 막는다.

> 옛날에는 적의 칙공을 막기 위해 담을 쌓고
> 성을 만들었다.
> 지금은 집집마다 담을 쌓고 있다.
> 서울의 부촌이라고 불리는 성북동을 가보면 가관이다.
> 안이 도저히 보이지 않는 높다란 성벽이 시선을 막고 있다
> 스스로 감옥을 만들고 있지 않나 하는 생각도 든다.

"처음엔 방어를 위해 벽을 쌓지만 그것은 곧 분리의 벽이 되고
끝내는 형무소의 벽이 되고 맙니다."

'25시'를 쓴 루마니아 작가 C.V. 게오르규의 말이다.

우리나라 속담에 '담벼락하고 말하는 셈이다.'라는 말이 있다.

아무리 말해도 알아듣지 못하는 사람과 이야기하는 것은
소용없음을 비유하는 말이다.

부모가 아이의 요구를 읽지 못할 때가 많다.

그러면 아이는 떼를 쓰거나 울음으로 감정을 표현한다.

소통이 안 된 답답함 때문이다.

이럴 때 부모는 이렇게 말해보라.

"울면서 얘기를 하면 네가 무슨 말을 하려는지 알 수가 없어.

울지 말고 얘기를 하든지, 다 울고 나서 말해줄래?"

아이는 자신의 수준에서 소통을 배우게 된다.

부모가 일방적인 생각이나 느낌으로

아이를 다그치거나 혹은 판단하거나 잔소리를 하게 되면

부모와 아이에게 '담벼락'이 생기는 것이다.

소통의 장애를 만난다.

경복궁의 담.

벽 중간에 서로를 바라볼 수 있도록 해놓았다.

대나무로 된 담은 안을 볼 수 있게 되어 있다.

담은 쌓되 소통을 방해하지 않으려는 지혜다.

강북의 어느 자동차검사소는 담을 허물고 누구나 안을 볼 수 있게 하였다.

일본 교토에서도 이런 담을 본 적이 있다.

우리는 어떤 모양과 무게의 담벼락을 갖고 있는 걸까?
나의 이야기만 강조하고 다른 사람이나
아이들의 말에는 귀를 닫는 것은 아닐까?
사람 사이의 담벼락을 없애는 첫 번째 길은
귀를 여는 것이다.

누구 말대로 우리는 하나의 입과 두 개의 귀를
가지고 있다.
더 많이 들으라는 이야기다.

아이의 이야기를 들어라.

아이에게는 스스로 해낼 수 있는 문제해결력이 있다.

그것을 찾아주는 것이 지혜로운 부모의 역할이다.

고궁을 가보라. 그곳의 벽과 담을 보여주라. 골목마다 있는 담을 보여주고 벽의 역할이 무엇인지, 문제가 무엇인지 알려주라. 담은 결코 소통을 막는 역할만 해서는 안 된다는 것을 깨닫게 하라. 가족 간에 벽이 있어서는 안 된다는 것을 느끼게 될 것이다. 소통하는 가족이야말로 가장 훌륭한 가족이다.

길을 선택하다

●

'길에서 길을 묻다.'라는 말이 있다.
길의 의미를 나타내는 말이다.
길은 방법이나 해결책의 의미도 가지고 있다.

집을 나서면 우리는 수많은 길을 만난다.
이리저리 뻗은 다양한 길들.
꽃길을 따라 걷게 되는 오솔길도 있고
산속 솔숲 사이를 헤쳐 나가는 호젓한 외길도 있으며,
강변에 펼쳐진 자갈길,
아파트 숲을 가로지르는 아스팔트길,
차량의 홍수가 이어지는 쭉쭉 뻗은 고속도로도 있다.
길은 점점 더 다양한 형태로 우리 곁에 존재한다.

우리는 늘 어느 길로 갈지 선택한다.
살아가는 다양한 길들을 우리는 선택한다.
목적지로 가기 위해 어떤 길을 갈까?
자연의 아름다움을 볼 수도 있고,
힘겨운 방황을 할 수도 있고,
어둠을 만날 수도 있으며
편안한 여행이 될 수도 있는 것이다.

길을 간다는 것은 세상을 여행하는 좋은 방법이다.
길 그 자체도 있지만 자신의 마음속을 여행하는 것이다.
길은 누군가 또는 무엇이 지나는 공간을 뜻하지만
어느 곳으로 가는 거리와 시간과 과정을 나타내는 노정이다.
삶이나 역사의 발전이 전개되는 과정이고
시간의 의미를 담고 있기도 하다.

보이는 길만이 아니라 보이지 않는 마음의 길도 있다.
아이들이 마음의 길을 갈 수 있게 도와야 한다.
어떤 마음을 가지느냐는 자기 마음대로 하는 것이 아니다.
반드시 해야 하는 것과 하면 안 되는 것을 알게 하고
마음의 길을 흔들림 없이 갈 수 있게 해야 한다.

길은 영어로 way, 즉 방법의 의미도 가지고 있다.

우리보다 더 많은 미래를 살아갈 아이들에게 길을 강요하지 말고

스스로 길을 찾도록 도와주어야 한다.

그것이 부모로서 해야 할 도리이며

모든 교육자들이 지켜야 할 의무다.

오늘 아이에게 길을 보여주라.

길에서 답을 찾도록 하라.

TIP 어디에 가나 길은 있다. 길을 걸으면서 길의 효용과 도착점을 알려주라. 우리 삶도 길과 같아서 올바른 길을 가는 것이 굉장히 중요하다고 가르쳐라. 아이와 함께 길을 걷는 것은 그 자체로 교육이 된다. 올레길이든 둘레길이든 혹은 시골길이든 관계없다.

입으로 말하다

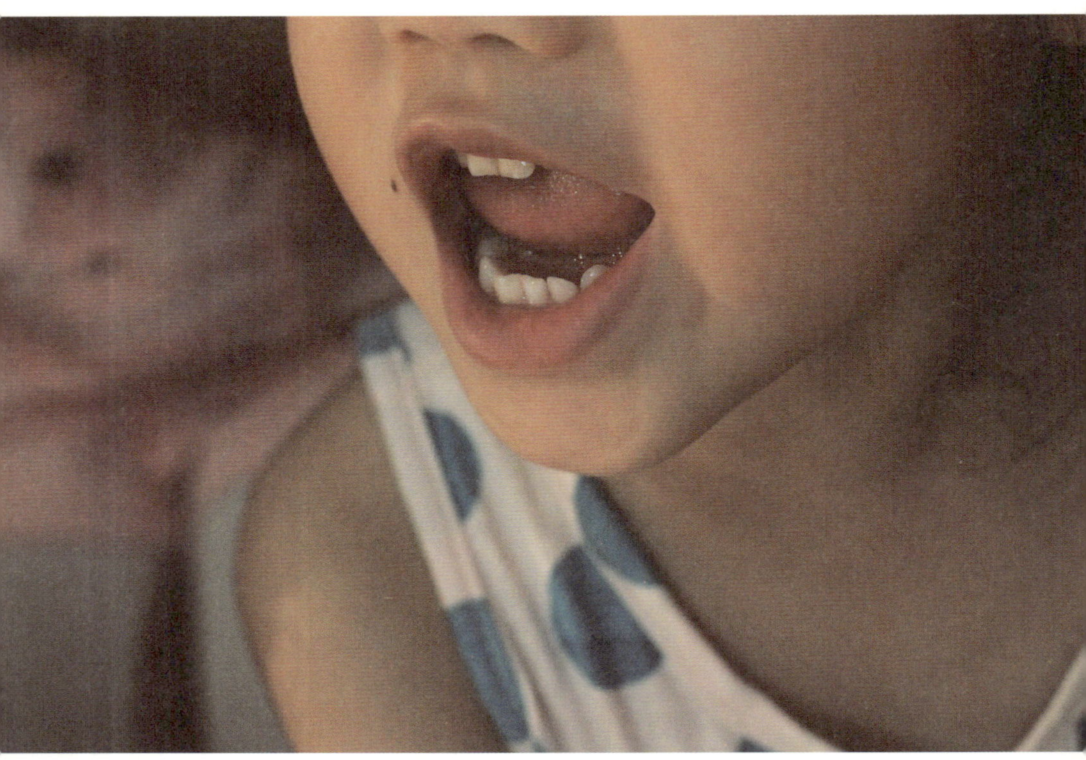

입은 영혼과 마음의 출입구이다.

우리가 말하는 것에는 영혼이 담겨 있기 때문이다.

아이들은 자라면서 보고 들은 것을 입을 통해 표현한다.

먹거리로 영양을 섭취하는 것도 입을 통해 이루어진다.

입은 그만큼 소중한 부분이다.

입으로 내뱉는 말이 문제가 되기도 하고 문제를 해결하기도 한다.

입은 성격의 지표이며 삶의 모습이다.

어떤 말을 할 것인가 이전에 입모양을 통해 그 사람의 성격이 나타난다.

입은 진실의 표정이다.
이를 악물 수도 있고, 경멸을 나타내는 냉소나
밝은 미소를 지을 수도 있다.
코나 턱에는 표정이 잘 드러나지 않는다.
그러나 입은 다르다.
코나 턱에서보다는 입이 더 무수한 표정을 보여준다.

입은 마음의 문이기 때문에 입을 단단하게 지키지 않으면

마음의 기둥들이 흔들린다.

눈은 오직 보이는 바를 바르게 보기 위하여,

귀는 오직 들리는 바를 바르게 듣기 위하여,

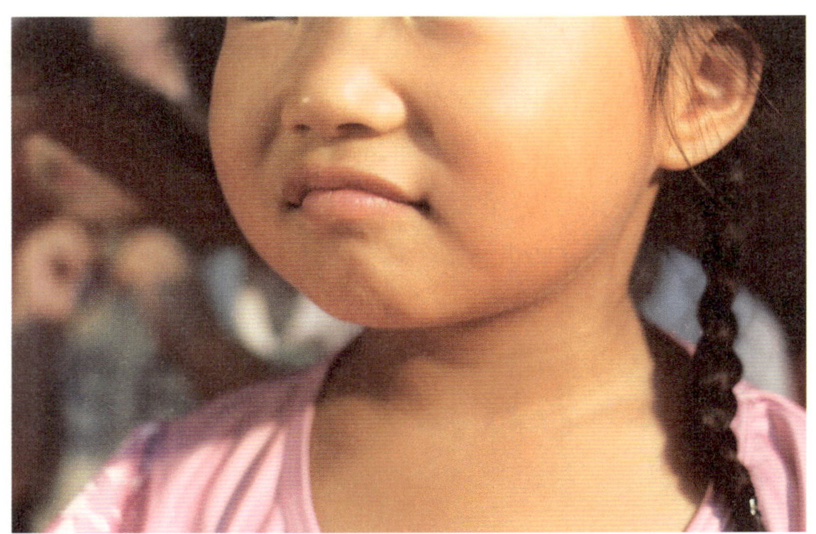

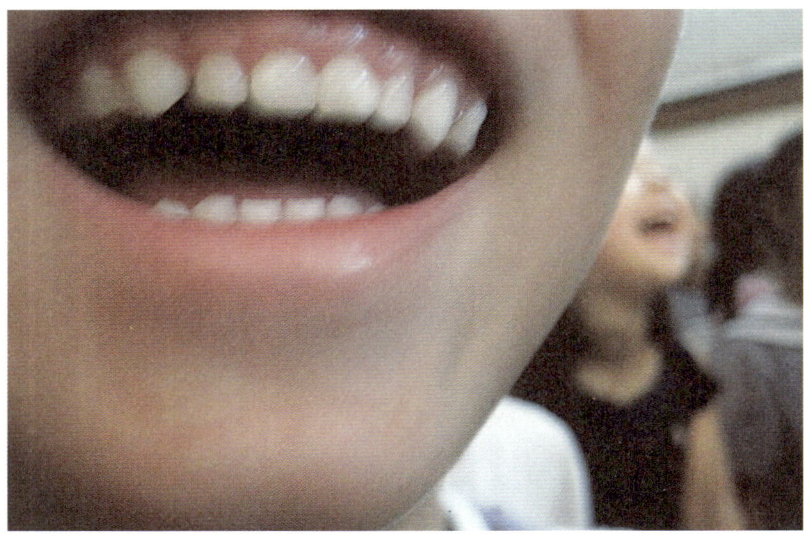

입은 오직 그 본 바와 들은 바를 바르게 말하기 위하여 있는 것이다.
이렇게 중요한 입의 역할을 아이들은 바르게 배워야 한다.
'말 한 마디가 천 냥 빚을 갚는다.'는 말은
오늘날에도 충분히 효능을 발휘하는 아포리즘이다.

아이들이 입을 통해 자신의 생각을 바르게 표현할 수 있어야 하고
다른 이와 커뮤니케이션을 잘 해야 한다.

요즘 정치하는 사람이나 사회적 지도자인 사람들도
입으로 인한 실수 때문에 문제를 일으키는 경우가 많다.
사랑하는 사이에도 말 한마디가 사랑을 깨기도 하고
사랑을 깊게 하기도 한다.

입은 잘못하면 화를 부르기도 하고
미래의 불운을 만들기도 한다.
또한 복과 사랑들 만들기도 한다.
그러므로 부모는 아이가 입을 잘 사용하도록
도와주어야 한다.
말하기 전에 말의 내용을 살피도록 하고
자신이 한 말에 책임을 지도록 가르쳐야 한다.

또한 입은 건강을 좌우하는 수단이기도 하다.

무엇을 먹느냐에 따라 평생의 건강이 좌우된다.

무엇보다 더 많이 미소 짓고,

아름다운 긍정의 말씨가 향기되어 아이들에게 스며들어야 한다.

늘 입을 깨끗이 하는 습관을 기르는 것이 중요하다. 입으로 하는 말이 듣는 사람에게 얼마나 큰 영향을 미치는지 알려주고 스스로 논리를 가지고 말하는 습관을 어릴 적부터 기르게 하라. 아이의 말을 무시하지 말고 논리를 가지도록 하는 것이 중요하다. 말 한 마디가 천 냥 빚을 갚는다는 교훈을 가르칠 필요가 있다.

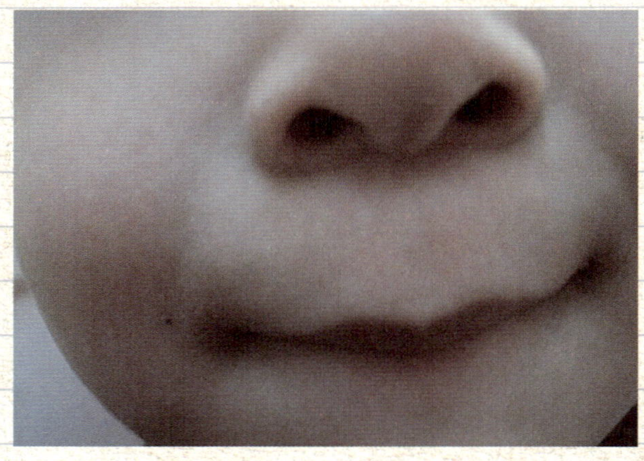

귀로 창조하다

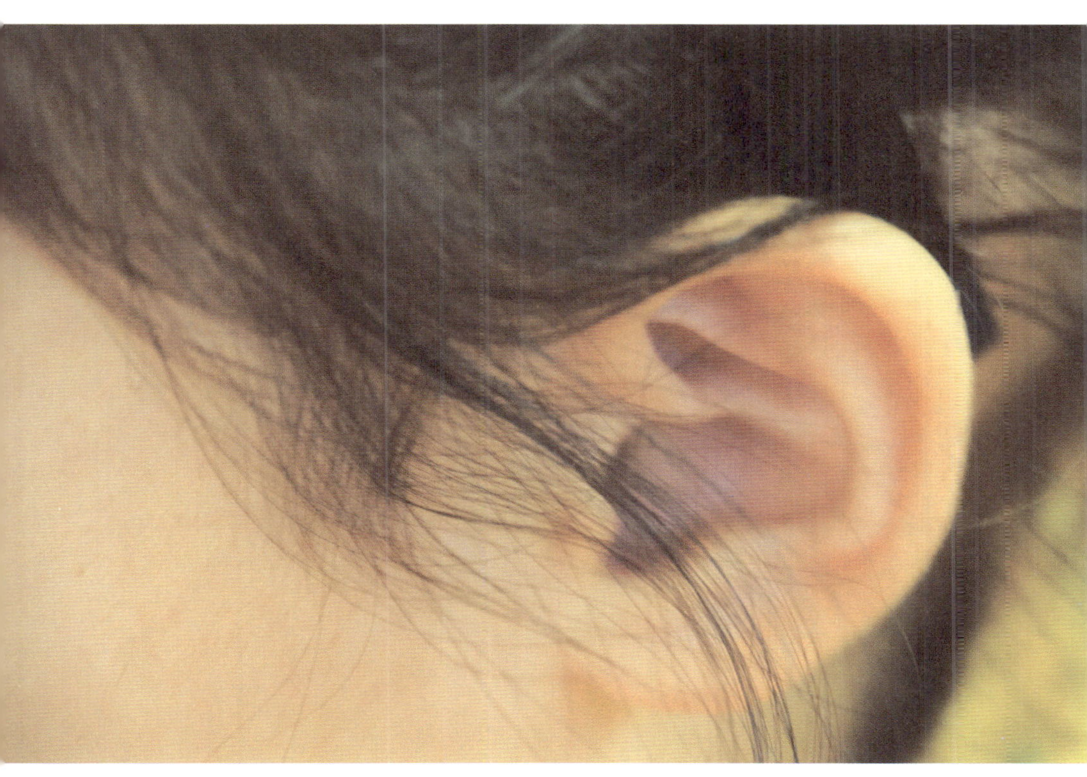

귀는 듣는 역할만 하는 것이 아니다.

귀는 마음으로 가는 길이다.

듣는다는 것은 외부와 내부를 연결하는 수단이 된다.

청각은 세상의 일을 받아들이고 무엇을 할 것인가를 일깨워 준다.

문제의 입구인 동시에 해결의 출발점이다.

우리나라 속담에

'귀가 도자전 마루 구멍이다.' 라는 말이 있다.

배운 것은 없으나 귀로 들어서 아는 것이 많다는 뜻이다.

중국 속담에도 이런 말이 있다.

'말하는 법을 터득한 자보다는 듣는 법을 터득하고 있는 자가

더욱 바람직하다.'

참 무섭고 대단한 격언이다.

그래서 입은 하나고 귀는 둘이라는 말도 생겼다.

귀의 기능은 소리를 듣는 것에 그치지 않는다.

귀를 통해 우리는 외부의 자극을 받아들이고 가치판단을 하게 된다.

귀는 하루 24시간을 단 1초도 쉬지 않고 계속 뇌와 교류하며

뇌 활동을 주도해 나간다고 한다.

귀가 뇌에 미치는 영향이 크다는 것이다.

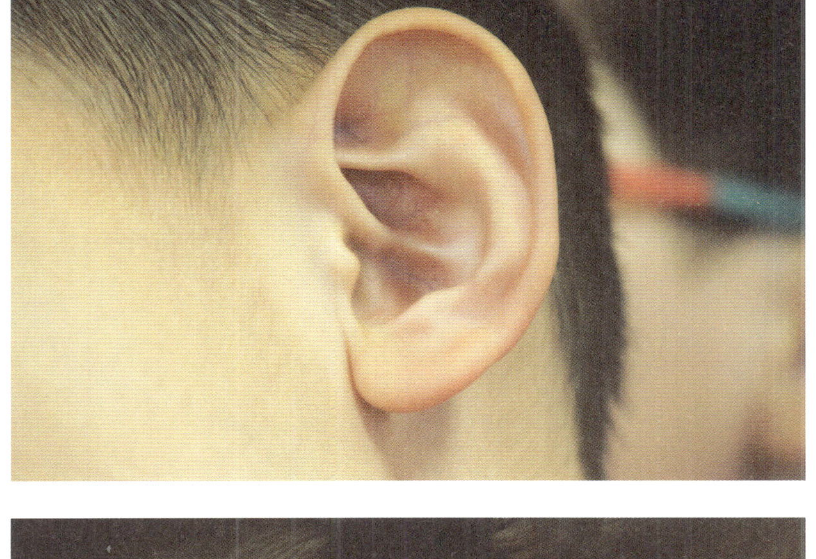

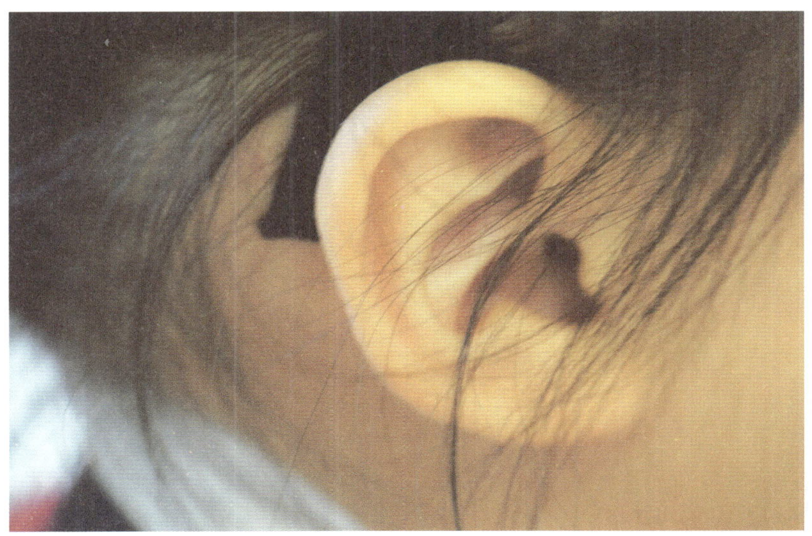

더 나쁜 것은 아이를 향해 나쁜 말을 하는 것이다.
아이를 꾸중하거나 타이를 때도 말을 잘 골라야 한다.
무심코 뱉은 한 마디가 아이에게는 치명적인 상처를 줄 수도 있다.
부모의 말 한 마디가 아이에게 평생의 짐이 되기도 한다.

귀가 뇌에 미치는 영향으로 사람의 성격적 특성,
학습능력 등을 알 수 있다.
특히 집에서 아빠, 엄마가 하는 말은 아이에게 거울처럼
비쳐져 모방을 하게 한다.
모방이 바로 아이들에게는 학습이다.

부모는 아이의 귀를 통해 문제를 던져 주는 동시에
답을 찾는 방법을 알려 주어야 한다.
청각의 유용성을 가르쳐 주어야 한다.

그리고 무엇보다 중요한 것은
아이의 귀에 유익한 말을 찾아야 한다는 점이다.
유익한 말은 문제가 일어나기 전에 해결책을 알려주기 때문이다.

다른 사람의 말을 잘 듣는 습관을 기르도록
해야 한다. 아이들은 어른들의 말을 잘 듣지
않는 습관이 있다. 혼낼 것이 아니라 경청의
습관을 만들어주라. 아이에게 재미있는 이야
기를 들려주고 세상의 이야기를 귀로 듣고
무언가를 깨닫게 한다면 최상일 것이다. 다
른 이의 말에서 해답을 찾을 수 있다는 것을
느끼게 하라.

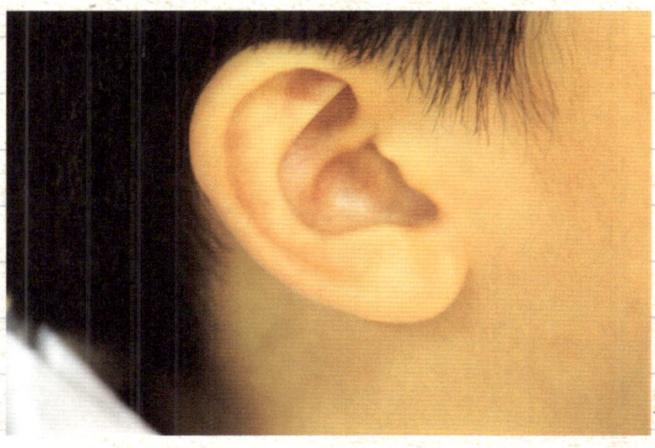

그리움을 느끼다

경기도 파주 임진각.

이곳에 오면 바로 강 하나 건너서 북녘이 보인다.

손만 뻗으면 닿을 것 같은 우리의 산하.

우리는 어느새 분단의 비극을 잊고 있지는 않은가.

사랑하는 부모 형제와 생이별을 한 실향민들의 아픔을

망각하고 있지는 않은가…

지금은 임진각이 분단이 낳은 색다른 관광명소가 되었다.

이곳에는 화해와 평화의 상징인 평화누리가 조성되어 있다.

비무장지대를 가르는 철조망에는 갖가지 색깔의 리본이 빼곡히 달려 있다.

리본에 새겨진 절절한 그리움.

'통일되게 해주세요.'라며 삐뚤빼뚤 적어 내려간 초등학생의 바람부터

'한반도에 평화가 깃들기를 바란다.'는 외국인들의 메시지와

눈물의 호소가 담긴 어른들의 마음까지.

가슴이 먹먹해진다.

북녘 땅에 가족을 두고 떠나온 실향민들이 처음 매달기 시작한

리본들은 어느새 쌓이고 쌓였다.

통일을 소망하는 리본들.

남북 분단의 현장, 임진각.

추석 때가 되면 실향민들이 와서 제사를 지내고

북에 두고 온 가족을 그리면서 눈물을 흘리곤 한다.

우리는 가족들과 행복하게 살고 있다.

가족이라는 것은 얼마나 중요한가?

임진각에 오는 실향민들은 가족끼리 얼굴도 못 보고 헤어진 사람들이 많다.

우리 아이들은 지금 가족과 함께 있다.

그렇지 못한 아이들도 있을 것이다.

부모와 사별했거나 혹은 아빠, 엄마와 헤어져 있는
경우도 있을 것이다.
그 아이들은 가슴속에 늘 그리움을 안고 있다.
가족이 얼마나 소중한 존재이고
가족과 함께 있는 것이 얼마나 행복한 일인지
아이들이 깨닫게 해야 한다.
한반도는 언제나 화해와 평화를 기다린다.

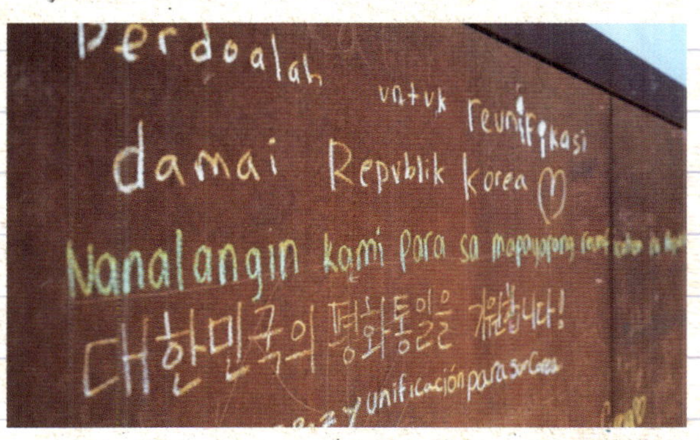

TIP 아이를 데리고 임진각에 가보라. 거기서 가족이 얼마나 소중한지 느끼게 하라. 헤어진 가족의 아픔을 보게 하라. 또한 남북이 갈라진 우리의 현실을 보여주고 통일에 대한 열망을 가지게 하라. 문제를 봤을 때라야 답이 보인다. 임진각은 남의 이야기가 아니다. 우리의 현실이다.

바다를 만나다

지자요수 인자요산^{智者樂水仁者樂山} 이란 말이 있다.

논어 '옹야'편에 나오는 말이다.

지혜로운 사람은 물을 좋아하고, 어진 사람은 산을 좋아한다는 뜻이다.

예로부터 이 말이 있었으니

현인들은 바다를 보고 산을 보며 가르침을 받은 것이리라.

> 산을 보든 바다를 보든 큰 것을 보면 사람들은 마음속에
> 호연지기를 느낄 수 있다.
> 어릴 때부터 큰 산, 큰 바다를 보고 자라면 크고
> 넓은 마음을 갖게 되는 것이다.
> 산과 바다를 보는 이유는 아이들이 호연지기를
> 배워야 하기 때문이다.
> 산과 바다는 그 자체가 하나의 가르침이다.

세상에 두려울 것 없이 크고 넓은 도덕적 용기.

바다는 바람이 불면 파도가 치지만 조용한 바다도 속에는 물이 흐른다.

겉은 조용하고 속은 열정적인 것을 배우는 것이다.

아이에게 바다를 보여주면서 호연지기도 배우고 바다가 주는

깊은 의미도 알 수 있도록 한다.

큰 바위 얼굴의 전설처럼 아이에게 자신을 만들어 갈 수 있는

희망을 주는 것도 필요하다.

큰 바위 얼굴은,

뉴잉글랜드에 정착한 이민자들이 겸허한 마음으로

인간의 형상을 닮은 바위를 바라보며

삶의 의미와 관대함을 배워 간다는 내용을 담고 있는 작품이다.

가까이서 보면 단지 바위일 뿐이지만 마을에 사는 사람들에게

큰 바위 얼굴의 모습은

마을을 지켜주는 인자한 절대자와 같은 존재다.

어린 시절 어머니로부터

큰 바위 얼굴을 닮은 아이가 태어나 위대한 인물이 될 거라는

전설을 전해 들은 아이는 자신도 큰 바위 얼굴처럼 되고 싶다는

바람으로 진실하고 겸손하게 살아간다.

이 간절한 바람의 삶속에서 자애롭고 신비롭기까지 한 모습을 갖게 되는

주인공의 이야기이다.

꽃샘추위가 겨울바다의 풍경을 만들어 내는 날.

어린 두 자녀를 데리고 바다를 감상하는 부모는

어린 아이의 모습을 만났다.

바다를 향해 소리 지르고, 감상하고, 웃음으로 마주하고…

그날, 아이들이 담아간 바다가 그들의 호연지기가 되겠지.
아이의 마음속에 큰 바다가 자리 잡고 있겠지.
바다는 말이 없는 스승으로 오늘도 기다리고 있다.

삼면이 바다인 우리나라는 조금만 나가면 바다를 만날 수 있다. 산이 많은 나라인지라 어디서나 산을 만날 수도 있다. 산을 보거나 바다를 보는 것만으로도 아이들은 세상을 살아가는 에너지를 얻는다. 어떤 문제를 만나더라도 산처럼 바다처럼 헤쳐 나갈 힘을 얻을 것이다. TV 앞을 떠나 아이와 함께 산과 바다로 가라.

교양, 이것은 친절과 독립심의 결합이다.

에머슨

2장

독 립 심
independence

걷다

아이를 키워본 사람은 안다.
아이가 혼자 일어설 때의 그 감동은 눈에 선하다.
엎드려 기어 다니다가 처음으로 일어나
혼자 아장아장 걸어가는 모습은 결코 잊을 수 없다.
작은 내 아이에게 첫 신발을 신겨준 시간을 회상해 보라.

아이들에게 있어 신발은 생활필수품이지만
때로는 하나의 장난감이 되기도 한다.
새 신발을 신고 유치원에 등원한 날은
현관에서 맴돌거나 신발을 계속 만지며
여러 가지 모양으로 변형시켜 보기도 한다.
일종의 놀이이며 성장을 위한 유희다.
유행하는 만화 커릭터가 그려진 신발을 신은 채
주인공의 흉내를 내 보기도 하는 아이들.
오동통한 두 손과 맑은 두 눈이 함께 움직여 마음엔
만족감을 채워간다.

아이들은 걷기에 대한 '민감기'가 있다.
즉, 어떤 목적지를 향해 가는 것이 아니라
걷는 그 자체에 즐거움을 갖는 시기이다.

팔과 다리를 자유롭게 사용할 수 있다는 것을 체감하며
독립적으로 걸어가는 경험을 하게 된다.
피카소에서 말하는 '독립심'으로 가는 것이다.

아이는 걷기 시작하면서 주변 환경에 능동적으로 관여하고
자기 힘으로 자신의 세계를 만들어 나가는 존재로 성장한다.
걸으면서 주변을 살피고, 보이는 것은 내면에 저장하고,
세상을 무의식적으로 흡수하고 배워 가는 것이다.
걷는다는 것은 그만큼 아이들에게 중요한 가치이며 신나는 일이다.

"구두를 신은 사람에게는 전 세계가 모두 가죽으로
덮여 있는 듯이 보이는 것이다."
R.W. 에머슨은 구두의 원료인 가죽에 대해 이렇게 설파했다.

가죽구두를 이제 누구나 쉽게 사 신을 수 있게 되었다.
그러나 아이들의 발에는 역시 천이 어울린다.
혹은 여름에 신는 샌들도 편하게 만들어야 한다.

아이들의 정신적 욕구에 맞고
아이들이 직접 선택한 신발을 신을 수 있게 한다면
더 즐거운 성장이 되지 않을까?
자신의 신발 속에 꿈을 키워가는 아이들,
우리가 아이들의 마음속을 더 깊게 들여다 볼 때
성장이 이루어진다.

신발은 고급스러운 것보다 아이가 편하게 신을 수 있는 것을 골라야 한다. 신발을 신는 행위는 세상을 향해 나아가는 몸짓이다. 아이가 스스로 신발을 신을 수 있도록 해야 한다. 귀엽다고 부모가 해주면 아이의 독립심은 늦게 이루어진다. 넘어져도 쉽게 일으켜 주지 말고 혼자 일어날 때까지 기다려야 한다. 되도록 혼자서 걷는 것도 중요하다. 그것이 독립심을 키워 주는 길이다.

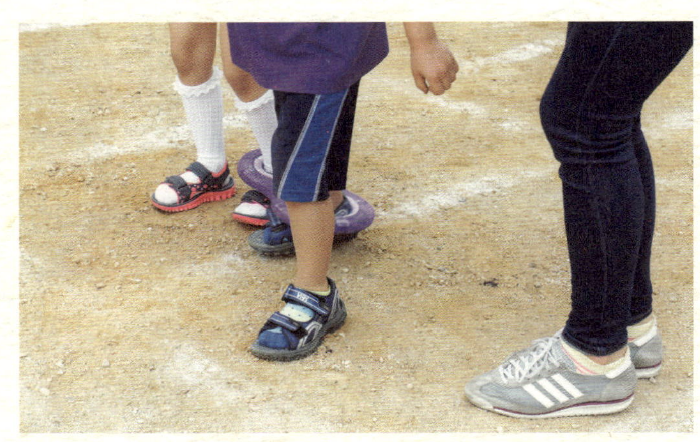

경복궁을 거닐다

조선을 건국한 태조는 경복궁을 세우고 정궁으로 사용했다.
조선왕조가 길이길이 번창해 나가길 기원하며 세운 궁이다.

일제강점기에는 총독부 청사를 만들어 이 땅을 유린했다.
총독부 청사는 지금은 허물어지고 제대로 된 경복궁이 복원되었다.
말하자면 경복궁은 조선의 꿈이자 우리의 독립정신이 엉켜 있는 곳이다.

조선왕조의 법궁, 조선의 중심지였던 경복궁.
'경복景福'이라는 이름은 '큰 복을 누리라'는 뜻을 가지고 있다.

경복궁의 중심인 근정전은 임금의 권위를 상징하는 건물이다.
공식 행사나 조회 등에 사용한 곳이다.
근정전 월대 난간에는 주작, 백호, 현무, 청룡이 건물을 지키고 있다.

경복궁에는 교태전 아미산과 자경전 장생 굴뚝이 있다.
이 굴뚝은 여성이 거주하는 공간으로 미학적인 요소도 함께
고려한 작품이다.
한마디로 여성스럽고 우아한 느낌을 주는 곳이다.

경복궁은 우리의 역사가 새겨져 있는 곳이다.

역사를 배우는 것은 과거가 아니라 현재와 미래를 더 잘 이해하기
위함이다.

내가 누구인가를 아는 것

우리가 어떤 과정을 거처 현재의 모습으로 존재하게 되었는가?

그것을 깨닫는 것이 과거를 배우는 이유다.

역사는 정체성 확립이다.

우리가 누구인가를 파악하는 일이다.

역사 속에서 나는 누구인가를 알면 앞으로 어떻게 살아
가야 하는지가 보인다.

역사를 배우는 것은 애국심과 자부심을 느끼기 위함이다.

역사에 대한 올바른 인식이 건강한
대한민국의 미래를 만든다.

역사를 바로 알아야 밝은 미래가 열리는 것이다.

어린이들의 역사교육은 견학 등을 통한
현장학습과 연대표를 이용한 활동으로 이루어진다.

연대표란 과거, 현재의 사진을 시대별로 나열해서 구별해 보는 것이다.

시대의 변천, 가옥의 모습, 교통기관의 발달, 무기의 진보 등 다양하다.

또한 자기 자신의 역사를 만들어 보기도 한다.

갓난아기 때부터 지금까지의 사진을 붙여서 스토리를 만들어본다.

이런 과정을 통해 아이들은 역사 속에서 미래를 찾아갈 수 있다.

역사를 통해 자아정체성을 정립하고 행복하게 살아갈

우리 아이들이니까.

경복궁은 반드시 가봐야 할 곳이다. 가능하면 온 가족이 같이 가는 것이 좋다. 경복궁을 거닐면서 조선의 꿈을 헤아리는 것은 큰 의미가 있다. 요즘은 야간개장도 한다고 하니 봄날이나 여름밤, 온 가족이 같이 가보는 것도 좋을 것이다. 경복궁을 세운 조선의 꿈을 얘기하고 일제가 저지른 만행도 알아보자.

꽃이 피다

·

우리나라는 금수강산이다.

비단緋緞에 수를 놓은 듯이 아름다운 산천山川.

그래서 우리나라는 금수강산이다.

이런 산하를 물려받은 것은 축복이다.

봄과 여름에는 들과 산에 많은 꽃들이 피어나는 축복을 받았다.

들꽃,

들꽃의 생명이 만들어지기 위해서는 셀 수 없는

'양'의 씨를 허공에 뿌린다.

그 씨앗들은 바위 위에 떨어져서 사라지기도 하고

척박한 토양에 머물다 생명을 잃기도 한다.

살아남을 수 있는 땅에 자리 잡은 씨앗은 생명으로 잉태된다.

긴 겨울 동안 모진 추위와 얼음 속을 뚫고 일어난 강인한 생명력,

그렇기에 더 아름다운 들꽃을 피운다.

가던 길을 멈추고 들꽃을 보고 있으면 진정한 아름다움이 느껴지고

그 생명의 엄청난 능력에 경외감마저 든다.

아이들도 온실에서 자라는 꽃처럼 키우는 것은 바람직하지 않다.

온실에서 자라면 독립심, 자립심이 결여된다.

인위적으로 가꾸어진 꽃이 아니라 스스로의 힘으로 자라나는
아이여야 한다.

들꽃도 번식을 위해 꿀을 만들어 낸다.
충매화로 번식하는 들꽃.
벌과 나비는 들꽃의 번식을 돕고, 들꽃도 애벌레를 위해 꿀을 주면서
아름다움을 피워낸다.

아이를 야생화처럼 강하게 자라도록 하는 것은
이 시대의 부모들에게 꼭 필요한 일이다.
온실 속에 가두어 버리지 말라는 얘기다.

우리가 살아가는 세상은 쉬운 길이 아니다.
야생화의 강한 생명력을 아이들이 가지게 해야 한다.

봄날,
아이와 함께 들판에 핀 야생화를 감상하며
스스로 뚫고 일어서는 모습을 보여주라.
꽃의 의미, 생명의 경외감을 알게 하라.

우리나라는 봄, 여름만 되면 들꽃이 무수히 피어난다. 대관령의 선자령이나 인제의 곰배령은 들꽃의 천상 화원이다. 작은 들꽃이 피어나는 모습을 보여주는 것은 강인한 생명력을 가르치는 길이다. 책만 보아서는 알 수 없는 자연의 힘을 느낄 수 있다. 들꽃여행을 하라.

골목길을 가다

•

인천 하면 무엇이 생각나는가?

바다?

그렇다. 그곳에는 바다가 있다.

인천에는 바다만 있는 것이 아니다.

아주 오래된 마을, 만석동이라는 곳이 있다.

만석동을 찾으면 예로부터 이름이 붙여진 괭이부리마을을 만나게 된다.

'괭이부리'라는 이름은 연안부두 앞바다에 있다 없어진,

고양이 섬이라는 뜻에서 유래되었다고 한다.

일제강점기 잠수함을 만들던 인부들과

6.25 전쟁 피난민들이 정착했던 곳이다.

좁은 공간에 쪽방촌처럼 집들이 이어져 있어

인천의 대표적인 빈민촌으로 불려 왔고 지금도 그런 곳이다.

김중미의 소설 '괭이부리말 아이들'의 배경이 된 곳이기도 하다.

바람이 매서운 겨울, 괭이부리마을을 찾았다.

좁은 골목으로 서로 연결된 곳.

겨울이라서 그런지 마을은 더 쓸쓸해 보이고

거리에는 나무로 불을 피우고 이야기를 나누는 노인들이 있었다.

피카소 마음교육

진밀
COFFEE & CAN
아이스크림
얼름
오거리
뎅피면
토스트

"여기가 원래 괭이부리인데 저 아파트동네에 이름을 뺏겼어."

소주잔을 기울이며 할아버지가 말했다.
포기와 애착을 동시에 담고 말하는 표정에 애잔함이 묻어 있다.

우리 어릴 때 살던 그 골목길도 끝없는 미로였다.
우린 그 골목길에서 어린 시절을 보내며 추억을 쌓았다.
요즘 도시의 아파트에 사는 아이들에게는 골목길의 추억이 없다.
지금 아이들을 그 골목길로 데려갈 수는 없지만
어린 시절의 추억을 담아줄 공간은 필요하다.

골목길은 단순히 길이 아니라
아이들에게는 같이 어울리고 함께 노는 공간으로서의
의미가 있다.
집이든 아파트든 놀이터만 만들 것이 아니라
아이들이 오붓하게 놀 수 있는 골목 같은 것을 만들어
주는 것도 좋을 것이다.

아이들은 미로를 좋아하므로 일부러 미로를 만들어주는 것도
어른들이 할 일이다.
좁은 길을 아이들은 좋아하는 것이다.

피카소 마음교육

그건 아마도 엄마 뱃속의 아늑함을 그리워하는 것인지도 모른다.
가장 평온하고 아늑했던 엄마의 뱃속에 대한 회귀 본능 말이다.

아이들에게도 혼자 있는 시간이 필요하고
자기만의 공간이 필요하다.
아무에게도 방해 받지 않고 자신만의 공간에서 놀고 싶은 욕구를
충족시켜 주어야 한다.

집안에도 골목길 같은 장소를 만들어 줄 수 있다.
아이들 방을 다시 배치한다든지
텐트 같은 곳을 마련해 두면 아이들이 좋아한다.
골목길의 추억은 평생 가슴속에 살아 있기 때문에...

골목길이 사라져 간다. 주택가에 자리 잡은 골목길을 찾아보라. 그곳에서 놀게 해보라. 의외로 아이들이 좋아한다. 집안에서도 골목의 느낌을 만들어보라. 작은 텐트를 쳐주는 것도 좋은 방법이다. 그리고 아이의 방을 만들어 주고 혼자 자는 것을 조금 일찍 시작해보는 것도 좋다. 독립심은 생활 속에서 만들어진다.

연꽃을 배우다

석가가 제자를 데리고 설법을 하러 어느 나라에 갔다.

왕과 신하, 제자들이 모인 곳에서 석가는 아무 말도 않고

앞에 있는 연꽃을 들어 보였다.

아무도 그 뜻을 몰랐다.

사람들은 눈을 동그랗게 뜨면서 저것이 무슨 의미일까? 궁금해 했다.

석가의 이런 행동을 오직 가섭이라는 제자만이 알아차리고

빙그레 웃었다.

석가는 왜 연꽃을 들어 보여주었을까?

연꽃은 탁한 물에서 자라지만 진흙에 물들지 않고

아름다운 꽃을 피운다.

이것을 이제염오離諸染汚라고 한다.

우리의 삶도 그래야 한다는 것을 말없이 보여준 것이다.

이 에피소드를 염화시중拈華示衆 혹은 염화시중의 미소를 줄여

염화미소라고 한다.

말이 없어도 의미가 통하는 것을 말한다.

연꽃이 불교를 상징하는 것도 이런 연유에서이다.

진흙탕에서 자라지만 깨끗한 연꽃처럼 살라는 것이

부처의 가르침이다.

숫타니바타 경에도 이런 말이 나온다.

연꽃의 원산지는 아시아 남부와 오스트레일리아 북부이다.
자라는 곳은 진흙이지만 청결하고 고귀한 식물로 사랑받는다.
주로 연못에서 자라고 논밭에서 재배하기도 한다.

아이들은 성격이나 행동이 모두 다르다.
밝은 아이, 호기심이 지나치게 많은 아이, 표정이 어두운 아이,
질문이 많은 아이, 우는 아이, 말이 없는 아이 등등.
어려움이 있는 아이도 어른들의 도움이 더해지면
내면의 평화가 자리한다.

아이들은 그렇다.
유아기에 건강하게 자리 잡은 인성은 노년기의 삶이 된다.
사춘기, 청소년기에 일탈을 경험한다 해도 지나가는
바람일 뿐이다.
마치 진흙에 물들지 않는 연꽃처럼.

아이들을 너무 닦달하는 것은 좋지 않다.
아이들의 어려운 시절은 지나간다.
염화시중의 지혜를 부모들은 가져야 한다.

피카소 마음교육

종교를 떠나서 연꽃이 갖는 의미를 아이들에게 알려 주는 것이 좋다. 여름이 되면 여러 곳에 연꽃이 피어난다. 유명한 무안연꽃축제도 있고 부여 서동, 제주 한림공원, 전주 덕진, 강화 선원사 등 전국 곳곳에서 연꽃축제가 열린다. 아이와 함께 연꽃을 찾아보는 것은 어떨까?

집중력은 마음의 근육이다.
사람은 집중하는 습관을 들임으로써
마음의 근육인 집중력을 발달시킬 수 있다.

대니얼 골드먼

3장

집 중 력

concentration

나무를 안다

"작은 숲은 신의 첫 성당이었다."
W.C. 브라이언트는 이렇게 설파했다.
우리는 숲에서 무엇을 보고 느껴야 할까?

어른들은 생각한다.
아이들에겐 뭔가를 해 주어야 한다고.
그러면 아이들은 받는 것에 익숙해질까?
그렇지 않다.
아이들은 남에게 주는 것을 좋아한다.
만 다섯 살이 되면 연필이나 공책 등 자신이 가진 것을
친구들에게 나누어 주며 즐거워한다.

친구가 넘어졌을 때 "괜찮아? 안 다쳤어? 내가 도와줄까?" 하며
마음의 손을 내미는 모습을 자주 볼 수 있다.

나무에게도 선물을 주는 날을 맞이했다.
나무에게 동시를 읊어주는 아이들의 모습이 진지하고 다정다감하다.

나무가 무슨 생각을 하는지
가까이 귀를 대본다.
나무가 무슨 생각을 하는지

피카소 마음교육

살며시 손을 대본다.

나무가 무슨 생각을 하는지

팔을 돌려 안아본다.

깜빡이는 눈썹에 떠오르는 웃음,

"알았다, 알았어."

나무도 날 좋아한다는 걸

나무 냄새로 알아차린다.

유경환 〈나무가 무슨 생각을 하는 지〉 전문

아이들은 숲에서 즐거워한다.

숨소리마저 숨기며 나무에 집중하여 귀 기울이는 모습.

나무는 아이들에게 집중력을 알려 준다.

쉽게 들리지 않는 자연의 소리는

집중의 시간에만 그 마음을 연다는 것을 아이들은 안다.

어루만져 주는 편안한 손길.

두 손으로 안아주는 아이들의 마음.

아이들은 알고 있다.

자신의 행동이 나무에게 큰 기쁨으로 스며든다는 것을.

세상이 자신을 사랑한다는 믿음을 아이들은 나무에서 배운다.

숲에 가서 나무를 안아보도록 하자. 큰 바위
가 있으면 그것도 안아보자. 그리고 귀를 기
울여 나무가 하는 얘기를 들어보자. 집중하면
들린다. 작은 물흐름 소리, 가벼운 바람소리
도. 자연은 누리에게 가르친다. 집중하라고,
잠념 없이 귀를 기울이라고.

발효를 기다리다

빵은 누가 처음 만들었을까?

눈처럼 흰 밀가루가 부풀어진 형태의 맛있는 하나의 식품.

밀을 수확하여 이를 빻고 효모를 넣어 오븐에 구워 내는 일,

한 조각의 빵도 얼마나 소중한 땀의 결실인지 모른다.

빵의 모양과 맛, 영양을 결정하는 것은 발효시간이다.

발효시간을 잘 지켜야만 좋은 빵이 탄생한다.

또한 맛있는 빵은 좋은 효모가 필요하다.

효모 없이 빵이 만들어지지 않기 때문이다.

효모는 말하자면 빵의 어머니이다.

그러나 좋은 재료를 가졌다고 해서

맛있는 빵이 만들어지는 것일까?

양수리에 가면 '곽지원의 빵 공방'이 있다.

곽지원이란 분은 기계의 도움 없이도

오감으로 습도를 정확히 느끼기에 '인간 습도계'라는

별명을 가진 달인이리고 한다.

여기서는 천연 효모를 직접 만들어 천연 발효 빵을 만든다.
천연 효모를 고집하는 모습에서 장인의 정신이 보인다.

빵을 잘 만드는 것은 아이를 잘 키우는 것과 비슷하다.
좋은 재료와 장인의 솜씨에 의해 맛있는 빵이 태어나듯이
아이들에게도 좋은 교육 자료와 이를 가르치는
부모의 역할이 중요한 것이다.

교육 자료나 교육 환경도 중요하지만
그 교육 자료를 어떻게 활용하느냐에 따라 아이들이 달라진다.

부모는 아이에게 좋은 천연 효모 같은 존재가 되어야 한다.
아이의 행동을 탓하기보다는 부모 자신을 먼저 살펴보자.
아이에게 신선한 천연 효모의 역할을 하고 있는지 돌아보아야 한다.

피카소 마음교육

빵뿐 아니라 모든 음식은 재료가 중요하고 과정이 엄격해야 제맛이 난다. 요리를 할 때도 집중력은 필요하다. 아이들과 함께 요리를 해보자. 정성을 기울이고 집중하는 것이 얼마나 소중한 것인지 깨닫게 하자. 다 만들어진 음식을 먹는 것보다 그 과정을 아는 것이 더 필요하니까.

일을 하다

피카소 마음교육

누구나 어른이 되면 일을 해야 한다.
어떤 일을 하든 일마다 목적이 있다.
나라와 사회와 타인에게 큰 도움이 되기 위해
일을 하려면 성장하면서 지식을 쌓고 전문분야의 능력을 가져야 한다.

일을 하는 것은 돈을 벌고 경제적 독립을 한다는 점에서 의미 있으며
무엇보다 내가 가진 재능을 발휘하여
사회와 세상에 도움이 되는 것에 더 큰 가치가 있다.

일을 하는 모습은 아름답다는 것을 아이들에게 알려 주어야 한다.
아빠나 엄마가 일을 하러 출퇴근하는 의미를 아이도 알아야 한다.
혹은 집에서 일하는 모습을 보여주어야 한다.
일하는 것이 즐겁다는 것을 행동으로 보여주는 것이 좋다.

아빠나 엄마가 일을 싫어하는 모습이나 짜증을 내는 말도 조심해야 한다.
일이 즐겁고 보람 있는 것이라고 아이들이 스스로 깨닫도록 해야 한다.

아이가 커서 즐겁게 일할 수 있도록 재능을 발견하고 키워주는 것은
물론이고 여건을 만들어주는 것도 부모의 의무다.

아이에게 부모는 롤모델이기 때문에
일을 대하는 부모의 태도가 바로 아이의 태도가 된다.

타고난 자기만의 재능을 잘 개발해서 자신에게 맞는 일,
자신에게 보람 있는 일을 하게 해 주는 것이 부모의 역할이다.

아이에게 있어 일은 다양한 경험이고 놀이이다.
어릴 때부터 아이가 스스로 선택한 것에 대해서는
성취감을 가질 수 있도록 해야 한다.
집중하여 하고자 하는 일을 마무리하도록 유도해야 한다.

보람을 느낄 때 또 다른 것에 대한 흥미를 갖는다.
흥미가 있는 것은 남에게 의지하지 않고
아이 스스로 도전하는 용기를 만들어 주기 때문이다.

용기는 자기 삶을 살아가는 강력한 무기다.
이것은 어른이 되어서도 어려움에 좌절하지 않고
꿈을 향해 갈 수 있는 에너지가 된다.

피카소 마음교육

아이들이 할 수 있는 일을 찾아 주는 것은 어떨까? 집안일을 하도록 하는 것이 좋다. 부모와 같이 일하면서 집중력도 기르고 일의 즐거움을 느끼도록 하라. 청소, 쓰레기 버리는 일, 아빠 구두 닦는 일도 좋고 아이들 방은 스스로 정리하는 습관을 길러 주어야 한다. 부모가 다 해주는 것은 아이를 버리는 일이다.

장애물을 넘다

유치원에서는 아이들이 장애물을 넘도록 한다.

아이들은 이런 놀이를 좋아한다.

왜 그럴까?

정신을 집중하고 협력하여 장애물을 넘는 것에서

성취감을 느끼기 때문이다.

살아간다는 것은 무엇일까?

주어진 하루하루를 잘 가꾸어 가는 것.

어제보다 오늘 더 성장해 가는 것.

그런데 이게 만만하지가 않다.

우리 인생은 살아가면서 늘 장애물을 만나고 문제를 만난다.

어쩌면 우리 인생은 이 장애물을 뛰어넘는 것의 연속일 것이다.

삶이란 늘 문제를 만나고 그것을 해결해 나가는 과정이다.

일상의 소소한 일들을 만나서 해결방법을 찾아야 한다.

작은 장애물을 건너뛰는 연습을 하지 않으면

큰 장애물을 만났을 때 좌절하거나 인생을 포기하는 경우가

생기기도 한다.

아이들은 동작에서 다양한 힘을 기르고 삶을 배운다.

아이들에게는 몸으로 넘는 장애물을 경험하는 것이 도움이 된다.

나지막한 높이의 장애물을 뛰어넘고

차츰차츰 높은 장애물을 뛰어넘는 훈련을 해야 한다.

자라면서 인생의 여러 가지 문제나 장애물을 만났을 때
그것을 뛰어넘는 정신,
독립심과 자율성은 물론 집중력을 기르게 되는 것이다.

어릴 때부터 아이들이 문제를 스스로 해결할 수 있고
장애를 스스로 뛰어넘을 수 있다는 마음가짐을 가지도록 해야 한다.

처음엔 몸이 흔들리고 마음이 균형을 잃어
힘겨움을 외치기도 하지만 반복되는 경험을 통해
아이들은 독립의 길을 가게 되는 것이다.

오늘도 창밖에선 아이들이 장애물을 스스로 넘고 있다.
힘찬 목소리로 자신의 성취감을 발산하는 아이들의 웃음이
어른들의 미소를 짓게 만든다.

피카소 마음교육

길을 가거나 여행을 할 때 장애물을 만나면 부모가 다 해결해 주지 말고 그것이 크든 작든 아이 스스로가 생각하고 행동하도록 하라. 어른은 다만 코치를 하라. 코치는 대신 경기를 하는 것이 아니다. 바른 길을 가리키고 방법을 알려주며 훈련을 시키는 것이다. 부모도 아이를 대신해 인생을 살아 줄 수는 없다.

미래를 알다

우리가 어릴 때 어른들의 미래였듯이
우리 아이들은 우리의 미래다.

새롭고 평화로운 미래를 원한다면
아이들이 미래를 새롭게 만들어가도록 하려면
아이 교육이 큰 역할을 해야 한다.

교육의 목적은 아이들이 가지고 있는 힘,
미지의 크나큰 능력을 길러 주는 것이다.
신생아, 영아기, 유아기의 아이들은 아무것도 모르는 것 같지만
이 시기에 많은 것을 쉽게 배운다는 것을 알아야 한다.

어린 시절 흡수한 것은 노년기까지 계속해서 영향을 미치기 때문에
바람직한 인적 환경을 만들어 주어야 한다.

교육이 강한 지식에만 그친다면 우리의 미래는 막연한
희망으로 머무를 것이다.
지식은 지혜를 얻기 위해 필요한 것이지
그 자체만으로는 위험할 수도 있다.
칼의 양날처럼.

사회적인 인성, 새로운 세계를 이룰 수 있는 힘이
개인으로부터 시작해서 전체로 이루어질 수 있도록 도와야 한다.

아이들의 세계를 알고 함께 해야 하기 때문에 인성 교육이 중요하다.
태어나면 어릴 적부터 책을 읽어 주어야 한다.
아이가 이해를 하든 아니든 말을 많이 들려주어야 한다.

아이는 인간의 음성을 모방하여 말을 하게 된다.
특유의 정신 능력이다.
이렇게 하면 아이는 스스로 자신을 가르칠 수 있는 힘도 생긴다.

아이에게 경험을 많이 시켜야 한다.
쇼핑, 놀이, 노래 듣기, 도서관 방문, 동물원이나 식물원 관람 등의
경험을 쌓도록 하자.
교육은 경험에서 얻어져야 한다.

3장 집중력

경험이 있는 아이는 무언가를 봤을 때 한 단계 더 높여
'이건 이렇구나.'를 이해하며 지식과 연결시킬 수 있기 때문이다.
이것은 더 배울 수 있는 바탕이 되는 것이다.

경험을 하면 피아제가 말한 '스키마'가 발달한다.
스키마는 새로운 경험이 내면화 되고 이해되는 정신의 '틀'이다.

아이들에게 음악을 듣게 하자. 책을 보게 하고 박물관을 가도록 하자. 아이들이 이해하지 못할 것이라는 선입견을 갖지 말자. 아이들의 능력은 대단하다. 때로는 어른보다 집중력이 뛰어나기도 하다. 다양한 경험을 통해 아이는 자신의 소질을 발견할 수 있다.

자율성은 내면의 힘을 키우는 가장 훌륭한 열쇠다.

하은

4장

자 율 성
a u t o n o m y

지혜의 숲에 빠지다

·

산이 많은 우리나라에는 참으로 많은 숲이 있다.
새가 날고 건강한 아이처럼 잘 자란 나무 사이로
싱그러운 공기가 흘러넘치는 숲은
우리의 몸과 마음을 풍요롭게 하는 곳이다.

숲은 숲인데 새도 울지 않고
자라나는 나무도 없는 곳이 있다면
그곳은 어디일까?

요즘 자녀의 빛나는 미래를 위해
삶의 지혜를 상속해 주려는 현명한 부모들이 많다.
그 부모들이 아이 손을 잡고 즐겨 찾는 숲이 있다.

경기도 파주 출판단지에는
수십만 권이 넘는 책을 품은 도서관,
지혜의 숲이 있다.

입구로 들어서면 책으로 가득 찬 숲을 거니는 느낌.
그 뿌듯함이 행복한 미소를 만든다.
이 숲은 진짜 숲이 아니라 책이 있는 곳이다.

출판도시 · 아시아출판문화정보센터
Paju Bookcity Asia Publication & Information Center
출판도시 · 아시아출판문화정보센터

책이 지혜이고 그것이 숲을 이루고 있는 곳이다.

책은 지식을 담은 것이지만
단순히 지식만 담은 것이 아니다.
그 지식 속에는 지혜가 담겨 있다.

책은 지식이 아니라 지혜가 담긴 물건이라는 사실을 명심하고 대하자.
아이에게 책은 단순히 지식을 전달하는 것이 아니고
그것을 통해 지혜를 깨닫는 것이라고 알려주어야 한다.

아이와 함께 하면서 그 많은 책이 왜 지혜의 숲인지 알게 하여야 한다.
책에서 얻은 것을 일상생활에 적용해 볼 수 있는 기회를 가져야 한다.
단순히 종이에 활자를 찍어서 지식을 전하는 것이 아니라
그것을 통해서 지혜를 깨달을 수 있다는 것이다.

아이의 손을 잡고 지혜의 숲에 빠져보는 여유를 가져보자.
그 시간이야말로 물질로 환산할 수 없는 엄청난 상속이 될 것이다.

아이 혼자 이리저리 다니면서 책을 스스로 골라
읽어보게 하는 것도 좋을 것이다.
자율성의 습관이 되니까.

파주 출판단지에 가보자. 많은 출판사들이 있는 거리 풍경이 재미있고 신선하다. 아이들과 함께 들어가 볼 수 있는 출판사나 카페도 있다. 그곳에 있는 지혜의 숲은 보는 것만으로도 뿌듯함을 준다. 그 안에서 책을 읽어도 좋고 숙박시설에서 하루를 묵어도 좋다. TV가 없는 곳에서 온 가족이 이야기를 나누고 책을 읽는 하루를 보낸다면 잊을 수 없는 추억이 될 것이다.

마음을 열다

백제의 고찰인 서산시 개심사.

개심사로 향하는 길은 맛있는 소풍이 된다.

드넓은 목장 지대와 아름답게 어우러진 저수지를 지나

깊은 산속으로 빠져드는 길.

이 길에서 만나는 겨울 풍경은 어디에선가 느껴본

이국적인 향기를 풍긴다.

개심사開心寺는 '마음을 여는 절'이라 했는데 이 절의 건물을 보고 나서야

비로소 그 깊은 뜻을 알게 된다.

이 사찰의 특징은 심검당이라는 건물과 종각의 기둥이다.

어디서도 좀처럼 볼 수 없는 구불구불한 기둥,

깎고 다듬어서 직선으로 만든 기둥이 아니라

자연 그대로 구불구불한 모습을 살려 지은 기둥이다.

곡선이 주는 자연스러움이 건물과 어우러져 빚어낸 대담함과 아름다움이

나그네의 감탄을 자아낸다.

휘어진 나무를 그대로 살려 저렇게 균형을 잘 맞추다니!

어떤 목수인지 대단한 안목을 가진 데다가

자연미를 잘 아는 명인이 틀림없다.

피카소 마음교육

우리가 사회를 이루면서 살아가기 위해서는
균형을 맞추는 것이 중요하다.

흔히 균형미라고 하는 그것.
하지만 올바른 사람을 만들겠다고
나무를 반듯하게 깎듯이
아이들을 끼워 맞추려고 해서는 안 된다.

직선으로 만들지 말고 자연 그대로,
있는 그대로 살면서 균형을 맞추는 지혜를
아이들에게 가르쳐야 한다.

개심사에서 심검당과 종각의 기둥을 보면서
올바른 교육은 자연스러운 것이지
깎아 맞추는 것은 바람직하지 않다는 것을 느꼈다.

그렇다고 무조건 아이가 하고 싶은 대로 하도록
내버려 두어서는 안 된다.
잘못된 일을 제 멋대로 하는 방종이 되기 때문이다.

아이는 부모를 통해 세상을 배워야 한다.
반드시 해야 하는 것과 하지 말아야 하는 것을 가르쳐 주는
훈육이 필요하다.

아이는 건강한 훈육을 통해 자기 통제력을 키우고
다양한 도전과 경험에서 자신에 대한 성공과 실패에 대한
결과를 만들어 내기도 한다.

훈육을 하지 않는 부모 밑에서 자란 아이는
훗날 자기 조절 능력이나 자기 통제력이 떨어지는 경우도 있다.
엄한 훈육만 받고 자란 아이보다 자기 조절에
어려움을 겪게 되는 것이다.
부모는 바르게 가르치되 아이를 부모의 틀에 끼워서는 안 된다는 것이다.

피카소 마음교육

개심사 심검당의 자연스럽게 휘어진 부엌문처럼

아이의 모습을 존중해 주면서...

개심사는 자연 그대로 휘어진 기둥을 보는 것만으로도 충분히 찾아갈 가치가 있는 절이다. 심검당의 기둥도 그렇고 종각의 기둥도 마찬가지다. 자연미가 얼마나 멋진 것인지 알 수 있다. 기둥의 모양을 보고 느낀 바를 서로 대화하는 것도 좋으리라. 절 입구에 있는 연못에 비추어지는 풍경도 감상해보자. 마음의 거울처럼 느낄 수 있으니까.

사랑을 기리다

가난한 내가

아름다운 나타샤를 사랑해서

오늘밤은 푹푹 눈이 나린다.

나타샤를 사랑은 하고

눈은 푹푹 날리고

나는 혼자 쓸쓸히 앉아 소주를 마신다.

소주를 마시며 생각한다.

나타샤와 나는

눈이 푹푹 쌓이는 밤 흰 당나귀 타고

산골로 가자 출출이 우는 깊은 산골로 가 마가리에 살자.

눈은 푹푹 나리고

나는 나타샤를 생각하고

나타샤가 아니 올 리 없다.

언제 벌써 내 속에 고조곤히 와 이야기한다.

산골로 가는 것은 세상한테 지는 것이 아니다.

세상 같은 건 더러워 버리는 것이다.

눈은 푹푹 나리고

아름다운 나타샤는 나를 사랑하고

어데서 흰 당나귀도 오늘밤이 좋아서 응앙응앙 울을 것이다.

백 석 〈나와 나타샤와 흰 당나귀〉 전문

피카소 마음교육

향토색 짙은 서정시를 많이 쓴 천재 시인 백석이
사랑한 여인 김영한에게 남긴 시, '나와 나타샤와 흰 당나귀'
이것은 단순히 시가 아니라 빛나는 사랑의 언어다.

성북동의 길상사는
세상을 버리고 사랑하는 사람과 산골의 오두막에서 살고 싶은 한 남자의
절절함을 품은 곳이다.

길상사는 '대원각'이란 요정이었다.
백석을 평생 기다린 대원각 주인인 김영한은
노년에 전 재산을 법정스님께 조건 없이 시주했다.
'길상화'란 법명 하나를 받고.
법정스님은 대원각을 길상사로 명하였다.

자신의 재산을 사회에 환원하고 홀연히 떠난 여인.
오늘날 길상사는 많은 사람들이 찾고 쉬어 가는 곳이 되었다.
한 여인의 짧은 사랑의 애잔함과 내려놓음의 정신이 배어 있는
길상사는 사람들이 명상하는 깊은 숲이 되었다.

바람이 좋은 날,
길상사 경내를 아이의 손을 잡고 걸어보라.
벤치에 앉아 백석과 길상화의 이야기를 들려주라.
사랑과 비움의 정신을 느끼게 하라.

피카소 마음교육

사랑의 힘이 얼마나 큰 것인지 느낄 수 있는 곳이 길상사이다. 아이들은 자라고 사랑을 하게 될 것이다. 사랑은 스스로 결정하는 마음의 힘이다. 성북동에 있는 길상사는 그냥 절이 아니라 백석의 사랑이 깃들어 있는 곳이기에 사람들이 찾는다. 반나절 길상사를 산책하는 시간을 가져보라.

한옥에 살다

우리는 조상이 개척한 이 나라,

이 문화의 유산 속에서 살고 있다.

금수강산의 자연은 물론

오랜 역사 속에 빛나는 문화, 그 혜택을 우리가 받고 있다.

우리는 이런 유산을 즐기는 한편 다음 세대에 무엇을 남겨 줄 것인가를

생각해야 한다.

한옥은 우리나라의 전통 건축양식으로 지은 집이고

우리가 살던 옛날 집이다.

곡선의 기와와 직선의 나무가 잘 어우러진 곳.

거기에 방문을 열면 바깥의 아름다운 정원을 볼 수 있기에

그 평화로움은 종교의식과도 같다.

서울 근교에 한옥 카페가 생겼다.

한옥과 카페라니!

얼핏 어울리지 않을 것 같지만 고전과 현대의 조화는 멋지게 생겨났다.

이런 한옥에서 노트북을 펴고 커피를 마시면서 일을 하는 것은

현대적이다.

고전과 현대의 만남.

이 두 가지를 잘 조화시키는 것이 필요하다.

옛것에만 얽매여 살 수도 없고 새로운 것만을 추구할 수도 없기 때문이다.

특히 현대 생활의 편리함으로 인해

잠시 옛것을 소홀히 하지는 않았는지 생각해 볼 일이다.

옛날 것을 무시하지 말고 거기서 아름다움을 찾아보자.

그 아름다움에서 색다른 기능을 찾는

안목을 길러야 한다.

우리는 이런 것을 계승해서 존재하는 것이다.

아이와 시골을 여행해 보자.

시골 체험을 해 보는 것도 중요하다.

우리의 역사와 문화를 이해할 수 있기 때문이다.

문화는 자기 자신을 이해하는 것이다.

역사를 안다는 것은 정체성을 아는 것이다.

문화, 역사 교육의 목적은 선조들께 감사하며

우리의 문화를 잘 보존하여

후손들에게 물려주는 것이다.

피카소 마음교육

전통한옥에서 머물며 숙박하는 곳이 많이 생겼다. 고택 체험을 할 수 있는 곳이 여러 군데 있으며 한옥 펜션도 많이 생겼다. 한옥에서의 하룻밤은 우리의 정체성을 깨닫게 해준다.

지중해를 만나다

지중해는 유럽, 아시아, 아프리카 세 대륙에 둘러싸인 바다다.
동쪽으로 홍해와 인도양, 서쪽으로 대서양과 통하며,
북쪽에 흑해가 있다.
고대에 이집트, 페니키아, 그리스, 로마에 의하여
지중해 문화권이 형성된 곳이기도 하다.

우리가 알고 있는 지중해의 풍경은 이렇다.
눈이 시리도록 파란 하늘,
푸른 바다와 하얀 집들,
조화로운 풍경으로 이루어진 한 폭의 그림 같은 곳.

그런데 굳이 지중해를 가지 않아도 그 풍경을 만날 수 있는 곳이 있다.
충남 아산에 있는 지중해마을.
정식 명칭은 블루 크리스탈 빌리지이지만 지중해마을로
더 알려져 있다.

하얀색 집들과 파란색 교회의 돔이 잘 어울리는 곳, 산토리니.
신전의 장중함을 보여주는 곳, 파르테논.
고흐가 귀를 잘랐고 피카소가 말년을 보냈고
세잔느와 에밀졸라의 활동 무대였던 프로방스를
벤치마킹해서 만든 곳이다.

이곳은 테마를 가지고 만들어졌다.

1층은 가게, 카페, 레스토랑 등이 있고

2, 3층은 펜션, 숙소로 되어 있다.

예쁘고 사랑스럽다.

거리를 걸으면 이국의 정취가 듬뿍 느껴진다.

누가 이런 생각을 했을까?

세계의 명소를 내륙 한복판에 만들 아이디어는 어디서 나왔을까?

지금은 글로벌시대다.

우리 아이들은 시대정신에 맞게 폭넓은 생각을 하고

세계를 무대로 활동할 수 있는 역량을 길러야 한다.

휴일에 지중해마을을 찾아가는 호기심은
어른만의 것이 아니다.
아이들에게 작은 세계를 보여주라.

글로벌 마인드를 가지는 것은 아이들에게 필요하다.
아산 지중해마을은 그런 가치를 담고 있는 작은 도시다.

피카소 마음교육

휴일에 아산을 가보라. 거기 지중해마을과 가까운 곳에 있는 외암민속마을을 하루에 다 볼 수 있다. 전혀 다른 두 마을을 보는 것은 신비로운 일이다. 아이들은 궁금해 할 것이다. 우리의 전통모습과 다른 나라의 모습을 비교해 보는 것 자체가 의미 있는 교육여행이 된다.

S

절대 어제를 후회하지 마라.
인생은 오늘의 내 안에 있고
내일은 스스로 만드는 것이다.

L. 론 허바드

자아존중
self-esteem

꽃에서 아이를 보다

이런 아이들의 모습과 행동이 나를 행복하게 만든다.
왜일까?
그것은 아이들의 다양성 때문이다.
만일, 모두가 똑같은 모습이면 세상은 어떻게 될까?
우리의 주변에는 헤아릴 수 없을 만큼의 꽃들이
저마다의 모양과 향기로 아름다운 세상을 만들어 준다.
서로 다르기에 더욱 빛난다.

계절마다 피고 지는 꽃들은 저마다 다르지만 참 예쁘다.
다 예쁘다.
아이들도 각자의 기질이 달라 행동은 다르게 표현되지만
예쁘고 사랑스럽다.

꽃도 마찬가지지만 우리 아이들은 빨리 자라는 아이도 있고
느리게 자라는 아이들도 있다.

꽃이 느리게 자라고 빛깔이 마음에 들지 않는다고 해서
꽃을 미워하거나 핀잔을 주는 어른은 없다.

아이들도 마찬가지다.
아이들을 기다려 주어야 하는 이유가 이것이다.
꽃이나 아이들은 언젠가는 저마다 아름답게 활짝 피어나기에
우리는 느긋하게 기다려야 한다.

부모도 그렇다.
자기 자신의 좋은 점을 찾아 다른 사람과 다름을 알고
자신을 칭찬하며 사랑해야 한다.
부모의 행동이 아이들에게는 절대적인
환경이기 때문이다.
이 또한 아이에게 세상을 살아가는 지혜를 느끼게 해준다.
'다른 것'은 '틀린 것'이 아니다.
흔히 다른 것을 틀렸다고 말하는 이는 조심해야 한다.

사람마다 능력이 다르고 좋아하는 것이 차이가 있고
발달과 생각에 개인차가 있기 마련이다.
나는 꽃을 바라보면서 저마다 아름다운 존재 이유를 생각한다.

피카소 마음교육

집안에 꽃이 있는 가정과 그렇지 않은 가정은 무엇이 다를까? 아마 정서의 무게가 다를 것이다. 가족의 표정과 말투가 다를 것이며 생각하는 방법도 다를 수 있다. 집안에 식물을 키우는 것은 마음을 키우는 것과 같다. 봄, 여름에는 꽃구경을 가자. 아이들은 꽃에서 자신의 모습을 발견할지도 모르니.

내일을 준비하다

"집에 가고 싶습니다."
이 말을 듣는 순간,
한 장의 수건이 눈물, 콧물로 범벅된다.
영화 '집으로 가는 길'을 관람한 내 세포의 반응이다.

노을이 물들고,
어두워지면 생명이 있는 것은 집으로 돌아간다.
꽃은 꽃잎을 닫고 아침에 다시 피어날 준비를 하고
날짐승도 들짐승도 모두 보금자리에서 잠을 자고
아침이 되어야 하늘을 날고 돌아다닌다.

사자도 새벽이 되면 사냥을 하게 되고
사람도 집으로 돌아가서 휴식을 취한다.

저녁이 되면 하루를 잘 마무리해야 한다.
하루를 마무리할 때 자신을 돌아보고 반성하고 정리한다.

피카소 마음교육

그래야 내일을 더 보람 있고 계획적으로 보내게 된다.

집으로 돌아가는 시간에 만나는 노을은 그런 생각을 하게 한다.
'나의 오늘은 어떠했나?'

서울 시내가 내려다 보이는
북악 스카이웨이에 하루를 담고 내일을 계획하는
많은 이들이 소곤대는 대화가 정겹다.

우리 아이들은 노을이 지는 도시를 바라보면
무슨 생각을 할까?
하루를 마감하고 돌아가는 집의 소중함을 깨닫는다면
스카이웨이의 구불구불한 길을 달려온 보람이 있을 것이다.

서울의 야경은 아름답다. 야경을 볼 수 있는
곳으로 가자. 스카이웨이도 좋고 서울타워도
좋다. 혹은 63빌딩같이 높은 건물도 괜찮다.
그곳에서 노을이 지는 모습을 보면서 집으로
돌아가는 소중함을 느껴보자.

발효되다

·

포천에 자리 잡은 산사원.

전통술을 재현하는 배상면 씨의 정신이 모여 있는 곳이다.

산사원에는 많은 술독이 있다.

그 안에서는 향기가 뛰어난 술이 익어가고 있을 것이다.

술은 맑은 햇살과 바람과 시간이 만든다.

사람은 거기에 정성만 곁들이는 것.

우리 아이들의 부모나 교사들은

어쩌면 저 술독을 닮은 듯,

아니 닮아야 한다.

아이들은 부모의 햇살과 바람과 정성을 먹고 자란다.

술독 속에서 술이 익어가듯 우리 아이들이 든든하게 자라나야 한다.

술이 발효되듯 아이들도 잘 발효되어 훌륭한 사람으로 성장하여야 한다.

술독이 좋지 않으면 술이 좋을 리가 없다.

부모나 교사들이 훌륭하지 않으면 아이들도 훌륭하게 클 수가 없다.

우리는 술독이다.

술독의 역할을 해야 한다.

배상면(1924년 9월 22일~2013년 6월 7일) 창업자가 창업한 이후

그의 아들딸들이 전통주를 이어가고 있는 것은 멋진 일이 아닐 수 없다.

그의 호는 우곡又麴, 누룩을 생각한다는 뜻이란다.

일제강점기에 우리나라의 전통술은 사라져 버렸다.
일본이 저지른 만행의 하나다.
우곡은 사라진 전통주를 다시 만드는 일에 평생을 바친 분이다.
오직 한길, 일제강점기를 거치며 사라진
우리나라 전통주 시장을 개척하며 인생을 보냈다.
그는 말하자면 전통주의 아버지인 셈이다.

아침 햇살이 좋고 바람이 시원한 날,
산사원을 거닐며 인간발효에 대해 생각을 했다.
우리가 함께하는 아이들은 인간발효가 되어야 한다.
급하다고 익지 않으며 정성 없이는
맛있는 술이 될 수 없다.
술독에서 필요한 시간을 충분히 보내야만
비로소 발효되는 것은
술이나 아이들이나 다를 바 없다.
산사원을 거닐며 내가 먼저 좋은 술독이 되어야 한다는
각오를 다져본다.

피카소 마음교육

서울이나 서울 근교에는 뜻밖에 많은 박물
관이 있다. 인터넷에 검색해보면 많은 박물
관이 나온다. 박물관의 가치는 두말할 필요
도 없다. 중요한 것은 가봐야 한다는 것이다.
TV와 게임에 빠진 아이라면 더더욱 박물관
을 가볼 일이다.

독립적이 되다

아이들은 독립을 향하여 힘차게 달리고

더 큰 독립을 향해 발달하고 있다.

독립적인 행동을 하고 그런 생각을 할 때

아이는 자존감을 알고 자아존중의 정신을 갖게 된다.

이것이 아이들 성장의 법칙이다.

나무처럼 쑥쑥 자라고 활에서 나간 화살처럼 똑바로 재빠르게 나간다.

아이들은 발달해 가면서 자기 앞에 놓인 장애물을 극복한다.

극복하면서 자신을 완성해 가는 것이다.

그 힘은 아이 안에 살아 있어서

아이에게 목표물을 향하여 달리게 한다.

아이들에게는 본능적인 생명력이 있다.

생명력 때문에 아이들은 발달하는 것이다.

4개월의 신생아를 양육하는 선생님이 아기 사진을 보내왔다.

"원장선생님!

4장의 지아 사진을 연결해서 보면

지아 스스로 옷을 입는 독립심을 느끼실거예요 ㅋㅋㅋ"

그랬다.

아기는 혼자 옷을 입고 있었다.

그것도 누워서…

이 얼마나 놀라운 독립인가?

이 얼마나 신비로운 자아존중의 출발인가?

불가능한 일을 엄마가 이렇게 연출해서 보내온 것은

아이의 독립이 얼마나 중요한지,

두뇌 발달과 자존감 발달에 독립심이 절대적인 영향을 미친다는 것을

잘 알기에 웃음으로 연출(?)한 것이리라.

아이들은 언제나 열정적이고 행복하다.

하지만 모든 아이가 다 행복한 것은 아니다.

어떤 아이는 환경에 대한 매력을

느끼지 못하기도 한다.

이런 경우는 사랑이 없고 두려움이 있기 때문이다.

원인은 '과잉보호' 다.

우리는 아이들의 본능적인 욕구를 인정하고

독립으로 가는 길에 박수를 보내야 한다.

그것이 진정한 사랑이니까.

옷을 입는 것, 밥을 먹는 것, 신발을 신는 것, 이불을 개는 것, 이런 것을 아기 스스로 하게 하자. 비록 제대로 못하더라도 스스로 하게 하는 것이 아이들의 자아를 깨닫게 하고 자신의 행동과 사고를 존중하게 한다. 어릴 적부터 그런 능력을 타고난 것이 사람이란 존재다. 엄마의 능력은 아이의 능력을 키우는 것이다.

동작을 배우다

·

뇌는 여러 가지 감각기관을 통해서 세상의 현상을 수집한다.
신경계통은 신경 에너지를 근육으로 운반해 주며
이 에너지가 근육의 운동을 조절해 주는 것이다.

신경조직에는 세 가지 주요한 조직 즉, 뇌, 근육, 감각이 있다.
동작은 이 세 가지가 움직여서 생기는 최종 결과이다.

사람은 동작으로 표현한다.
연설이나 글을 씀으로 생각을 표현할 수 있고
행동을 하면서 마음을 표현하기도 한다.

글을 쓰려면 근육 동작이 필요하다.
심오한 생각을 한다 해도 자기 생각을 표현하지 않는다면
그것은 가치가 없는 것이다.

두뇌, 감각, 근육이 없이는 다른 사람과 접촉 또한 불가능하다.
뇌의 힘이 강해지기 위해서는 감각기관과 근육을 동원해야만 한다.
동작이 잘 되려면 뇌와의 협응이 잘 되어야 한다.

지능 발달은 반드시 동작과 연결이 되기 때문이다.
아이들이 움직이고 놀이를 하는 것이 중요한 이유이다.

좁은 공간에서 부모가 제공하는 '틀' 안에 자리하여
말 잘 듣는 아이로 성장하기를 바라지는 않는지
우리 스스로를 한번 점검해보자.

아이를 움직이게 하자.
두뇌를 움직이게 하는 것이다.

손을 움직이게 하고 많이 걷고 달리게 하자.
몸이 많이 움직일수록 아이의 얼굴에는
웃음이 피어나고 자신감이 생긴다.

피카소 마음교육

겨울이라고 아이를 방안에만 있게 한다든가,
이것저것 배우게 하려고 실내에만 있게 하는
것은 참 어리석은 일이다. 아이는 밖에서 뛰
어 놀아야 한다. 논다는 것을 어른의 시각에
서 바라보지 않아야 한다. 아이들에게 노는
것은 모든 것이다. 발달이고 성장이다.

마음을 채우다

·

어릴 적 배운 자전거는 평생을 간다.

우리 몸이 익힌 기능은 좀처럼 소멸되지 않고

몸에 저장되기 때문이다.

몸이 기능을 잘 저장하려면 몸이 건강해야 한다.

정신적 · 육체적 영양을 가져야 한다.

우리는 밥을 먹는다.

에너지를 보충하기 위해서,

육체의 건강을 위해서.

부모들은 아이에게 육체의 양식을 준다.

좋은 식재료를 준비해서 정성껏 음식을 만든다.

정신적인 양식은 잘 제공되고 있을까?

아이는 정신의 굶주림을 느끼게 되면 '일탈행위'를 하게 된다.

공격적이거나 파괴적이거나 두려워하거나 위축된 행동을 보인다.

수동적이고 비활동적이다.

아이가 움직이고 싶어 하고 만지고 싶어 할 때

그런 환경을 만들어 주어야 한다.

충분히 경험하고 집중할 수 있도록 도와야 한다.

아이들이 독립하고자 하는 것은 본능이기 때문에

피카소 마음교육

5장 자아존중

쓸데없이 도와주는 것은 삼가야 한다.
아이가 할 수 있는 것은 자기 스스로 할 수 있도록 내버려 두고
아이를 격려하며 자신감을 갖도록 칭찬을 아끼지 말아야 한다.

아이의 신체가 건강하게 자라게 하려면
엄마가 영양가 있는 음식을 준비하듯이
영혼의 양식도 중요하게 생각하여
정신 발달에 도움을 줄 수 있도록 해야 한다.

아이의 정신 발달을 위해서 부모는 공부를 해야 한다.
부모는 정신의 양식을 쌓아야 하는 것이다.
아이에게 육체와 정신의 양식을 위해 균형 있는
부모의 '사랑 식단'을 준비해 보자.

피카소 마음교육

배가 고프면 먹으면 되지만 정신이 고프면 좀처럼 포만감을 느끼기 어렵게 된다. 평소에 아이들에게 정신적 양식을 충분히 주자. 잘못될 상황이 아니라면 가능하면 하고 싶은 것을 하게 하자. 먹고 마시고 보고 만지고... 오감을 활용한 아이의 영혼의 양식을 아끼지 말자.

세상에서 가장 어려운 일은 사람이 사람의 마음을 얻는 일이란다.

'어린 왕자' 중에서

6장

사 회 성

socialty

sociality

추억을 그리다

가을날에 노란색을 찾아 나섰다.

주택가 굴뚝에선 하얀 연기에 나무 타는 냄새가 묻어나고,

손자들을 불러들이는 할머니의 목소리가 정겹다.

내 어린 시절의 추억은 온통 노란색이다.

가을이면 어김없이 노랗게 물드는

은행잎을 바라보며 신기해했고

바람이 불어 떨어지는 노란 잎을 안타까워했다.

어린 시절이 그리워서일까?

노란색을 찾아 가까운 곳으로 떠난 여행은

가슴을 설레게 한다.

아무도 없는 학교 마당에는 빈 그네만 흔들리고 있고

은행잎 수북이 쌓인 곳을 아이들이 뛰어다니고 있다.

형을 뒤따르던 동생은 금세 울음을 터뜨리고,

한 달음 늦추는 형의 뒷모습에 동생은 기쁨을 찾는다.

어둠과 함께 사라져 가는 꼬마들의 뒷모습이

내 어린 날 각자의 집을 향해 달려가던 친구들의 모습과 오버랩된다.

아이들은 해가 저물도록 뛰어다녔다.

노란색의 마당은 아이들에게 최고의 놀이터다.

문득 생각나는 구절.
'어린 아이는 생명과 건강, 교육과 운동에 있어서
자유로운 모든 권리를 가졌다.'

아이들은 집으로 돌아가 엄마가 해주는 저녁 식사를 하고는
책을 뒤척이다 잠이 들 것이다.
그리고 노란색의 시간들은 고스란히 추억으로 물들어 갈 것이고.

아이들에게 추억을 심어 주는 것 또한 부모의 역할이다.
추억이 없다면 참으로 심심한 어른이 될 것이므로.

피카소 마음교육

계절의 변화를 즐겨보자. 다행히도 우리나라
는 봄, 여름, 가을, 겨울이 다 다르고 계절마다
특색을 가졌다. 가을날의 노란 마당의 추억을
아이들에게 심어주자. 은행나무가 무성하고
은행잎이 아름다운 곳을 찾아 노란 여행을 떠
나보자. 세상을 많이 경험할수록 아이들의 사
회성은 커져가니까.

무질서 속에 질서가 있다

"어린이에게 있어 외부 세계의 질서란,
집을 지을 때의 지반이나 물고기가 헤엄칠 수 있는
물에 상응할 만큼 중요한 것이다."
마리아 몬테소리의 주장이다.

아이들은 이유 있는 반항을 한다.
이것은 반항이라기보다 질서의식의 발로라고 봐야 한다.

"이건 여기에 둬.", "내 물건 만지지 마!", "이것부터 해야 해."
이런 말을 하는 것은 장소, 소유물, 순서에 대한 강한 집착이다.
유아기에 나타나는 특성이다.
질서의식이란 '순서, 소유물, 장소, 습관 등을 지키는 것'을 말한다.
아이들이 이 질서에 대해 방해 받지 않고 편안하게 성장하게 되면
무질서 속에서도 자신의 리듬으로 평온을 찾을 수 있다.

한편 아이들에게는 무질서를 추구하는 경향도 있다.
어지럽히고 아무 데나 두는 습관이 있다.

어지러운 곳 중의 하나가 시장이다.
그 중에 서울의 중심부에 있는 광장시장은 국내 최초의 상설시장이다.
1904년 을사늑약 체결 후 일본인들이 서울의 상권을 장악하고

피카소 마음교육

경제침략 정책 등으로 조선의 경제를 위협하자
조선의 상인들이 이에 맞서 세운 시장이다.
역사적 의미가 있는 이 시장은 복잡하면서도 나름대로의
질서가 있는 곳이다.

100년 넘게 한복 원단, 양복지, 양장지, 커튼, 침구류 등
직물 도·소매상들이 많은 곳이었고
최근에는 마약김밥, 빈대떡, 회 등 특색 있는 먹을거리로
더 유명해졌다.

광장시장에서 무질서 속의 질서를 만났다.
언뜻 보기에는 어지럽고 무질서해 보이지만

상인들은 저 나름대로 질서를 가지고 있었다.
그것은 세월이 준 지혜이며 모두가 편한 방안이었다.

아이들에게 시장을 보여 주어야 한다.
어지럽고 무질서해 보이는 곳에서 질서를 발견하는 것
이것도 사회성을 길러 주는 발견학습이다.

피카소 마음교육

시장구경은 의외로 재미있다 백화점이나 마트에 길들여진 도시인들. 그저 편하고 눈에 보이는 질서만을 추구한다면 그것은 큰 가치를 놓치는 일이다. 시장의 역할, 어울려 사는 사람들, 무질서 속에서 발견하는 질서. 이것이 아이들을 시장으로 데려가야 하는 이유다. 서울은 물론 전국에 많은 시장이 있다. 특히 5일장은 묘한 매력이 있다.

작은 중국을 만나다

인천을 가면 반드시 가볼만 한 곳이 있다.
차이나타운.
1883년 인천항이 개항된 이후 만들어진 곳으로
중국의 독특한 문화가 형성된 곳이다.
현재는 인천의 중요한 문화와 관광자원이 되었다.

중국풍 거리가 시야에 들어온다.
우뚝 솟은 패루를 지나 경사진 길을 걸었다.
T자형으로 길이 양쪽으로 나뉜다.
주변 상가는 온통 중국으로 느껴진다.

붉은색 간판과 홍등,
음식점이나 진열된 상품들도 중국 일색이다.

요즘 우리나라에서는 외국여행을 많이 한다.
좋은 일이긴 하다.

문제는 외국의 문화를 제대로 받아들이지 못하고
겉핥기식의 여행이 된다는 점이다.
우리의 여행문화가 변화해야 하는 이유다.

아이들에게도 다양한 문화 체험이 중요하다.

다양한 문화 체험이 타인을 이해하고 배려하는
인격 형성에 영향을 미친다.
나와 다른 점을 이해하고 세상을 넓게 바라볼 수 있는
눈을 가지게 되는 것이다.

아이들을 데리고 놀이동산을 가는 것도 좋다.
지역의 문화축제를 보여주는 것도 풍부한 지식이다.
세계의 문화에도 관심을 갖게 하는 것,
아이들의 세계가 넓어지는 계기가 되는 것이다.

문화는 다양한 모습으로 경험되어야 한다.
굳이 외국에 가지 않더라도
외국문화가 있는 곳으로 가서 아이들이 다양함을
경험하는 것은 바람직하다.

음식뿐 아니라 세계인이 살아가는 모습과 옷, 언어 등을
아이들이 재미있게 관찰하게 하라.

이제는 말 그대로 글로벌시대가 아닌가.

피카소 마음교육

清館
CHINESE
RESTAURANT
772-5118
店
清館

TIP 인천에는 볼거리가 많다. 개항의 역사도 있
고 월미도와 차이나타운도 가볼만 한 곳이다.
개항의 의미가 무엇인지 알려주고 과거를 되
새겨보는 것은 유익한 일이다. 주말나들이로
인천을 권한다.

한글을 알다

세종대왕만큼 우리 민족이 사랑하는 왕이 있을까?
세종대왕이라면 먼저 한글이 떠오르고 늘 감사하는 마음을 갖게 된다.

대왕은 조선 제4대 왕이다.
태종 이방원의 셋째 아들로 태어나서
두 형이 있는데도 불구하고 왕이 되었다.

대왕은 우리 민족의 역사에서 가장 훌륭한 유교정치,
찬란한 문화를 꽃피운 한 시대를 열었다.
이때는 정치적으로 안정되어 경제, 사회, 문화 등
전반적인 기틀을 잡은 시기였다.

대왕은 한글창제뿐 아니라 많은 업적을 남겼다.
학문 연구기관인 집현전을 설치하여 학자들을 키우고
학문을 숭상하며 옛 제도를 연구 검토하게 함으로써
정치와 문물제도를 정리하여 행정체제를 확립하였다.

세계 문자 가운데 유일하게 그것을 만든 사람과
반포일을 알 수 있는 한글.
글자를 만든 원리까지 전해오기 때문에 그 가치를 더 인정받는 한글.

한글(훈민정음 해례본 - 국보70호)은 유네스코 세계기록유산으로
등재되었다.
한글의 '한'은 크다는 뜻이니 한글은 '큰 글'의 뜻을 가졌다.
백성의 의사소통을 위해 만든 한글은
오늘날 우리를 고유 글자를 가진 자랑스러운 민족으로 만들어주었다.

여주에 있는 세종대왕의 묘, 영릉을 찾았다.
두 아들을 데리고 온 부모님이 아이들에게 '큰절을 올리라'고
얘기를 하니
아이들은 두 번의 큰절과 반절을 하며 경의를 표한다.

6장 사회성

훈민문

나도 모르게 울컥 감동이 치밀고
조용히 묵념으로 예를 갖춘 나 자신을 돌아보게 되었다.

위대한 스승 세종대왕.
대왕의 탄신일이 5월 15일이며
그 날이 스승의 날로 제정된 의미를 되새겨 봐야 할 것이다.

여주에 있는 영릉은 한 번은 가봐야 하는 곳
이다. 매일 쓰는 우리의 한글이 얼마나 소중
하고 자랑스러운 것인지 알게 하자. 물처럼,
공기처럼 너무 쉽게 얻을 수 있는 것이라서
그 소중함을 모른다면 대왕께 죄송한 일이
니까.

때가 있다

·

자연에는 법칙이 있다.

인간도 자연의 일부이므로 그 법칙을 무시할 수 없다.

그 법칙에 충실하는 것이 유아교육의 핵심이다.

아이가 말을 배우는 시기가 있다.

이때 부모가 충분한 대화를 해 주지 않으면

아이는 어휘 발달도 자기표현도 미숙하게 된다.

걸어야 하는 시기에 유모차를 타고 다니는 아이는 신체 발달뿐만 아니라

호기심, 적극성, 두뇌 발달에도 영향을 받는다.

어른이 무언가를 배우는 속도는 그림을 그리는 것과 같다.

유아기 아이들은 고성능 비디오카메라로 촬영하는 것처럼

빠르고 정확하게 받아들인다.

언어에 민감하고 두뇌가 발달하는 시기에 아이들은

재잘거리고 흉내 내고 질문이 많다.

신체가 발달하고 자신감, 독립심이 발달하는 시기에는
걷고, 뛰고, 만지고 계속 움직인다.

반복해서 이런 욕구를 충족시켜 갈 때
문제해결력, 독립심, 집중력, 자율성, 자아존중감, 사회성,
창의성을 키울 수 있다.

유아기라는 시기에 아이들에게 경험의 환경을 제공하자.
아이가 자기 자신을 건설할 수 있는 자신이 있다는 것을 알게 해야 한다.

적기교육은 유아기 때 제공되어야 하는 환경을 만들어 주는 것이다.
부모의 인내심이 필요한 중요한 시기이다.
적절한 환경을 받아들이는 이 아이의 모습을 보라.

아이들이 어떤 일을 하고 싶어 하는 때가 있다. 그 때를 잘 알아두는 것도 부모의 역할이다. 청소나 요리도 호기심을 갖고 직접 해보려고 한다. 또한 아이들이 적절한 시기에 혼자서 하도록 해야 한다. 그 시기를 놓치면 아이는 부모에게 의존하는 습관이 생긴다.

아이들은 누구나 예술가이다.

문제는 성인이 되어도 예술가로 있을 수 있는지 여부이다.

파블로 피카소

7장

창 의 성
o r i g i n a l i t y

채석장이 달라지다

피카소 마음교육

포천 아트밸리를 아는가?

아니 이런 곳이 있었나 할 만큼

뜻밖의 아름다운 경치를 자랑하는 곳이다.

이곳은 원래 1960년대 건설산업이 확장되면서

석재를 채굴하였던 채석장이었다.

채석장이 문을 닫자 손을 봐 복합문화공간으로 꾸민 곳이다.

예술인들의 창작활동을 지원하는

문화공연장, 조각공원, 특설무대 등이 있고

연중 다양한 문화예술공연이 펼쳐지고 있는 곳이다.

아트밸리로 조성한 후 교육전시센터를 건립하는 등

발전을 거듭해 이제는 훌륭한 문화예술체험공간이 되었다.

전시실과 카페, 야외공연장, 산책로, 모노레일 등이 있고

화강암을 채석하며 파 들어갔던 웅덩이에

샘물과 빗물이 유입되어 형성된

천주호라는 호수도 있다.

호수의 최대 수심은 20m로 가재, 도롱뇽, 피라미가 살고 있는

1급수라고 한다.

포천석은 타 지역 화강암보다 밝은 빛깔을 가지고 있다.
설계 하중이 작고 표면 굳기가 우수하여 계단 등
건축물의 내부 바닥재나 내부 건축 구조재, 외장재로 사용할 경우
매우 우수한 품질을 나타낸다고 한다.
여기서 나온 화강암은 청와대, 국회의사당, 인천공항,
세종문화회관 등의 건축 자재가 되었다.

포천의 화강암은 포천시의 대표적인 지역 특산물이며
경기도 내 화강암 생산량의 80%를 차지하고 있다.

방치된 폐채석장이, 버려진 계곡이
예술이 가득한 곳으로 재탄생한 것이다.
다르게 보면 답이 있다는 좋은 사례가 되는 곳이다.

아이들도 마찬가지다.
아이들은 다양한 기질의 행동을 한다.
'왜 저럴까?' '고집이 세다' '산만하다' '소심하다' 등.

하지만 어른들이 다른 시각으로 아이를 보게 되면 모두가 보물이 된다.
독립심이 강한 아이, 호기심이 많은 아이, 내면이 따뜻한 아이로,
순수의 생명이 빛나는 거목으로 성장하는 것이다.

경이로운 내면의 힘이다.
방치된 폐채석장이 문화공간의 아름다움을 갖추는 것은
쉬운 일이 아니다.
우리도 아이들의 행동을 쓰다듬어 주는 절대적인
인내심이 필요하다.
세상의 모든 아름다운 것은 그렇게 인내를 통해
태어나기 때문이다.

포천 아트밸리는 아이들이 아주 좋아하는 공간이다. 모노레일을 타고 올라가 호수도 보고 이 호수가 어떻게 만들어졌는지 얘기를 해주자. 창의성이 발휘되면 어떤 일이 일어나는지 보여주자. 아이들의 상상력은 창의성의 밑거름이 된다.

조각을 만나다

삼국시대에는 우리 마을의 이름이 무엇이었을까?
동해를 바라보는 강릉의 옛 이름은 하슬라였다.
그 이름을 읊조리며 강릉을 가면 색다른 기분이 든다.
하슬라라니!
이렇게 아름다운 이름을 가졌다니!

강릉에는 하슬라아트월드가 있다.
정동진에서 가까운 언덕 위에 우뚝 선 곳이다.
이곳에 있는 야외조각공원에 가면 많은 조각작품들을 만날 수 있다.

저마다 예술혼이 담겨 있는 이 작품들을 만들기 위해
작가들은 얼마나 많은 노력을 했을까?
우리는 잠시 동안 그냥 보고 감상하고 감탄하지만
작가들은 많은 시간과 정열을 쏟는다.
예술 창작이라는 고통의 시간을 가졌을 것이다.

우리가 살고 있는 이 시대가 요구하는 것은 창의성.
창의성에서 문명이 발달하고 삶의 질이 달라진다.
창의성은 미래를 살아가는 무기이다.

이 무기를 갖추기 위해서는 문제를 해결하는 능력을 길러야 하고,

피카소 마음교육

생각의 폭이 넓고 유연한 사람이 되어야 한다.
창의성이라는 것은 무언가를 새롭게 만드는 것이다.

하슬라아트월드의 조각공원이나 실내 미술관을 둘러보자.
아이들에게 하나하나를 보여주면서
어떤 의미가 어떻게 형상화되었는가를
즉, 머릿속의 어떤 생각을 구체적으로 만든 작업인가를 같이 생각해보자.

"사랑이라는 것을 만들어 볼 수 있을까?" 했을 때
아이들은 하트, 별, 태양 등을 만들 수 있다.
아이들이 생각하는 사랑의 표현이다.

또 예를 들어 행복이라는 추상적인 용어를 표현해 보게 하는 것도 좋다.
아이들은 종이, 흙, 나뭇잎 등으로,
동그랗고, 네모지고 다양한 모양으로 구체화 시켜보는 훈련이 필요하다.

하슬라아트월드의 조각공원을 거닐며 깨달은 것은
바로 이 경험들이 추상적인 것을 구체화시키는
기회가 될 것이라는 점이다.

여유를 내어 찾아가 볼 가치가 넘치는 곳,
복합문화예술공원 하슬라아트월드.
건축과 바다, 예술의 아름다운 풍경이 감성의 세포를 키워주는 곳.

아이들에게 동해와 어우러진 조각공원을 선물해 보자.
이곳에서 하루를 묵어도 좋다.
호텔방은 예술작품으로 이루어져 있다.
이곳에서 보내는 시간은 예술과 창의성이 가득한 시간이 될 것이다.

강릉을 여행할 때는 경포대나 정동진도 좋지만 하슬라아트월드를 가보자. 미술가 부부가 땀흘려 만든 이곳은 예술이 가득한 곳이다. 조각공원을 보고 미술관도 구경하고 아이들이 직접 만들어보는 기회도 있다. 아이와 함께 미술관을 구경한다는 것은 얼마나 멋진 일인가.

스토리텔링을 배우다

사람은 이야기를 좋아한다.

듣는 것, 말하는 것, 소통하는 것을.

스토리텔링은 어린 시절부터 세상을 이해하고 배우던 기본 방법이다.

이야기가 가지고 있는 창의성과 감성을 바탕으로

꿈과 가치를 보다 호소력을 가지고 설득력 있게 전달해 주는

커뮤니케이션 형태다.

요즘은 기업에서도 스토리마케팅을 한다.

나이키의 공동 설립자 빌 바우먼이

아내가 만들고 있던 와플을 보고 영감을 떠올려 와플 틀을 이용해

‘와플 밑창(waffle sole)’이라는 이름으로 출시한 나이키 신발은

스토리를 가진 유명한 제품이 되었다.

세계의 알려진 명품들도 다양한 스토리를 가지고 있다.

스토리가 있기에 사람들은 더욱 열광한다.

스토리텔링은 무엇일까?

정보를 단순히 단편적으로 전달하는 것이 아니라

전달하고자 하는 정보를 쉽게 이해시키고,

기억하게 하며, 정서적 몰입과 공감을 이끌어내는 특성이

피카소 마음교육

있다는 점에서 일반적인 커뮤니케이션과 구분된다.

스토리텔링은 어떤 주제를 전달할 때 쓸 수 있는
가장 효과적인 방법으로 각광받고 있다.

양평 운길산 높은 곳에 자리 잡은 수종사.
수종사에는 재미있는 스토리가 있다.

조선의 일곱 번째 임금인 세조가 금강산을 유람하고 돌아오는 길이었다.
양수리에서 하룻밤 머물고 있을 때,
어디에선가 은은한 종소리가 들렸다.

그 출처를 찾게 했더니 그곳에는 바위굴이 있었고
내부에 18나한상이 있었다.
밤에 들려온 종소리는 굴속으로 물방울이 떨어지면서 울려 나온 소리로
청아하고도 명징하게 들렸던 것이다.

세조는 그것을 신비하게 여겨 이곳에 축대를 쌓고
장인들을 불러 절을 창건하였다.
전답을 하사하고 승려를 거처하게 하였으며
절 이름을 수종사라 하였다고 한다.

수종사의 수종이란 말은 물이 울리는 종소리란 의미이다.
수종사에 오르면 북한강과 남한강의 두 물이 합쳐지는 두물머리를
아름답게 감상할 수 있다.

이런 신기한 스토리가 있기에 찾아오는 사람들은 즐거워한다.
운전하기가 힘들 만큼 경사진 곳이지만 수종사의 스토리에 매혹되어
호기심을 가지게 되어 더 많이 찾게 되는 것이다.

수종사를 갈 때는 먼저 이 절에 얽힌 이야기를 해주자. 조선시대의 왕조계보와 수종에 얽힌 이야기를 해주면 아이들은 더욱 호기심을 가지고 산을 오를 것이다. 거기서 바라보는 두물머리의 이야기도 곁들여주자. 남한강과 북한강이 합쳐지는 모습을 보면서.

역사의 향기를 맡다

전라북도에는 아름다운 풍경과 중후한 역사가 어우러진 곳이 있다.

바로 전주 한옥마을이다.

이미 널리 알려져 있어 사람들이 많이 찾는 곳이기도 하다.

이곳은 일제강점기에 풍남문을 기준으로 서쪽은 일본인이 많이 거주하고

상권도 일본인을 중심으로 형성된 곳이다.

이에 반하여 풍남문의 동쪽에서 시작한 움직임이 있었는데

그게 바로 오늘날의 한옥촌 형성이다.

전주 한옥마을은 이렇게 민족적 자긍심을 드러낸 동네이며

한옥을 지으며 거주민이 똘똘 뭉친, 역사적으로 의미 있는 곳이다.

일제에 저항하고자 했던 정신이 깔려 있는 한옥마을.

약 70년 전, 풍남문에서 바라본 서쪽은 일본인,

동쪽은 선조의 한옥으로 대립구도가 선명히 드러났던 곳이다.

태조 이성계의 어진(초상화)을 모신 경기전,

선조 때 지어진 전주향교와 이성계가 왜적을 무찌른 후

승전 기념으로 지은 오목대,

사적 제288호로 조선시대 천주교도의 순교터에 세워진

아름다운 전동성당도 있다.

상류층 가옥의 전형적인 예로 민속자료 제8호인 학인당 등
문화유적을 비롯해 전통술박물관, 전통 한지원,
한방문화센터 등의 전시관이 있고
소설《혼불》의 작가 故 최명희를 다시 만날 수 있는
최명희문학관, 전주전통문화센터 등
한옥마을은 단순히 관광을 즐기는 곳이 아니라
역사적 명소의 가치를 지녔다.

경기전 안의 예종대왕 태실 및 비(전라북도 민속문화재 제26호)를 보면서,
엄마와 함께 온 초등학생이 질문을 연발한다.

피카소 마음교육

"엄마, 이건 뭐예요? 태실요? 태실이 뭐예요?"
역시 아이들의 알고 싶은 욕구. 지적 호기심은
부모의 많은 에너지를 요한다는 것을 느낀다.

태실^{胎室}은 왕이나 왕실의 자손이 태어났을 때 그 탯줄을 모셔두는 곳.
잘 보존된 거북 모양의 받침돌과 뿔 없는 용의 모습을 새긴
머릿돌이 돋보이는 것이 비석이다.

품격과 우아함을 지닌 기와집들을 감상하며
미각의 즐거움도 느끼고
아이의 호기심에 양식을 채워주는 시간을 가져보자.

한옥마을로 여행을 떠나보자.
아이들 마음에 영양분을 공급하는 여행이 될 것이다.

전주 한옥마을은 너무 상업화가 되었다는 지적이 있지만 골목골목마다 한옥의 아름다움이 넘치는 곳이다. 역사적 의미가 있는 전동성당과 경기전도 가보자. 한옥마을 옆에 있는 풍남문도 보고 전주에서 유명한 비빔밥이나 콩나물국밥도 즐겨보자.

음악에 눈뜨다

'음악은 움직이는 건축이라고도 부를 만큼 형식 논리가 뚜렷한 예술이다.'

-박용구

'사람이 음악을 만들고 음악이 사람을 만든다.'

- 최카피

아인슈타인은 어릴 적부터 바이올린을 배웠고
모짜르트는 음악에서 수학의 원리를 발견했다고 한다.

음악은 우리에게 무엇일까?
우리는 왜 음악을 만들고 그 음악으로 인해 울고 웃을까?
음악의 힘이 무엇이길래 희로애락을 느끼는 것일까?

자연의 소리는 깊은 영혼이며
음악은 조화를 창조하는 선물이다.

아이들의 소리는 자연이다.
자연과 음악과 아이들이 만나면
그곳이 곧 천국이다.

피카소 마음교육

7장 창의성

조화를 창조하기 위해 부조화를 연구해야 하는 음악가들,
그들이 만들어 내는 아름다움에
행복한 고독을 느끼기도 한다.

고독은 성숙한 삶을 위한 필수요건이 아닌가.

누가 말했던가.
음악은 신의 목소리이며
음악가는 신의 목소리를 전해 주는 사람이라고.

자연에도 음악이 있다.
바람이 음악이고 나뭇잎 소리가 리듬이다.

음악을 느끼는 것은 창의성의 기초가 된다.
음악이 없는 생은 메마른 것이 된다.

아이에게
호흡하는 공기까지도 음악적인 환경을 만들어주자.

피카소 마음교육

잘 살펴보면 많은 음악회가 열린다. 국립극장은 물론 예술의 전당이나 세종문화회관, 각 도시의 아트센터에서는 연중 음악회나 공연을 한다. 공연을 보는 것은 텔레비전으로 보는 것과는 천지차이다. 해외여행을 할 때도 그곳에서 벌어지는 음악회 등을 가보라. 음악을 만나면 더욱 가치 있는 여행이 될 것이다.